成功心理与人才发展

主　编　刘丽美
副主编　李　飞　赵　日　赵来旭
参　编　王　倩　谭玉磊　范美娟
朱岳梅　韩　颖　冉立泽

哈爾濱工業大學出版社

图书在版编目(CIP)数据

成功心理与人才发展/刘丽美主编. —哈尔滨:哈尔滨工业大学出版社,2021.6

ISBN 978-7-5603-9455-8

Ⅰ.①成…　Ⅱ.①刘…　Ⅲ.①成功心理②人才-发展-研究　Ⅳ.①B848.4②C964.2

中国版本图书馆 CIP 数据核字(2021)第 106690 号

策划编辑　李艳文　范业婷
责任编辑　那兰兰
封面设计　屈　佳
出版发行　哈尔滨工业大学出版社
社　　址　哈尔滨市南岗区复华四道街 10 号　邮编 150006
传　　真　0451-86414749
网　　址　http://hitpress.hit.edu.cn
印　　刷　哈尔滨圣铂印刷有限公司
开　　本　787mm×1092mm　1/16　印张 9.25　字数 190 千字
版　　次　2021 年 6 月第 1 版　2021 年 6 月第 1 次印刷
书　　号　ISBN 978-7-5603-9455-8
定　　价　38.00 元

前　　言

成功是人生永恒的追求,每个人都渴望成功。

要想成功你需要具备很多素质,其中良好的心理素质在你的成长和发展过程中、在你的成功道路上起着重要作用。成功的第一步往往从人们的思想开始,如果人们头脑中的意识与成功的方向相悖,那么无论怎么做都难以成功。如果你渴望成功,渴望拥有辉煌的事业,过上富裕的生活,拥有甜蜜的爱情、美满幸福的家庭以及健康的身心,就一定会拥有希望,就一定会有所追求、有所梦想、有所突破,这就是你踏上成功之路的开端。

想要成功是人的本能,人的成功在于创造有意义的价值。不论你现在多么平凡,也不论你现在多么优秀,你都具有很大潜能。追求新的成功将使你超越现实、超越自我,由平凡走向优秀,从而展现你独具特色的魅力。

《成功心理与人才发展》是哈尔滨工业大学开设的一门面向广大渴望成功的学生的自我素养提升类核心课程。总计 32 学时 2 学分,包括线上课堂 16 学时(1 学分),线下课堂 16 学时(1 学分)。

开设这门课程的基本理念是高效率、高回报,力争达到新、奇、特(新——授课的方式新;奇——学生感到新奇;特——内容有特色)。

课程的特色一:理论内容与时俱进

高校应该注重培养学生走向成功的四种能力:做人、做事、做学问、创新。基于此,本课程的设计有针对性地引进了有关培养以上能力的知识点。线上理论内容包括以下专题讲座:

(1)成功是人生永恒的追求;

(2)社交礼仪与人才成长;

(3)人际交往与人才发展;

(4)团队协作与人才发展;

(5)创新思维与人才成长;

(6)大学生恋爱与健康心理。

课程的特色二:线下课堂训练采用全新的团队训练体验教学方式

团队训练是心理学中的体验式授课方式,是以创设情境、实践案例为主的一种新型的训练教学模式。通过一定的活动规则和活动方式,学生在交往中进行观察、学习、体验、认识自我、探讨自我、接纳自我;同时,通过了解他人的想法、感受，加深自我了解及对他人的理解，调整和改善与他人的关系，学习新的态度与行为方式，在实践过程中体会感悟，从而达到行为养成、素质提升和情商提高的最终效果。上课过程中教师只是指挥者，课程内容和环节的设计者、引导者，学生才是主角。学生们可以展示、发挥才能，发现自己的不足，在有趣的游戏活动和温馨的交流分享中结交朋友、增长知识、收获快乐、提升能力。

线下体验教学实践环节分为六个单元：

(1)萍水相逢；

(2)风雨同舟，读我懂我；

(3)挖掘自我，规划明天；

(4)我是国王还是兵；

(5)突破自我，创新争先；

(6)开拓未来，拥抱明天。

课程的特色三：教师根据教学需要运用心理测量表引导学生进行自我觉察

心理测试包括FPA性格色彩测试、霍兰德职业个性测试、创造型人格自测：托拉斯测试、恋爱态度测试、你与他人友好相处的能力测试、你的意志是否坚强测试等。

本课程通过以上三大特色的融合能迅速提升学生的自信力和人际交往能力；培养学生的创新能力和创新思维；帮助学生认清自我，挖掘潜能，夯实走向成功的思维基础与人际基础。

作者

2020.12

目　　录

第一篇　线上理论专题

第一章　成功是人生永恒的追求

第一节　成功的概念和“秘诀”

一、成功的概念

向往成功是人的本能。有人曾经这样描述成功:成功是挂满枝头的红苹果的微笑;成功是一顶凝重而万能的金色桂冠;成功是迎接你的鲜花、掌声和喝彩;成功是必然又是偶然,是辛劳与恒心;成功是小而又小的机遇;成功使你年轻、自信。从以上的描述中,我们可以看出,成功是多么美丽和诱人啊! 成功是这样美好,世界上又有谁不愿意成功呢?

那么什么是成功? 心理学回答——成功是个体心理的满足。哲学回答——成功是个体价值观的实现。人才学回答——成功是人才综合素质的结晶。成功是一门综合学科的新概念,目前它还没有一个统一的标准答案。成功是多种多样、五彩缤纷的。从宏观上来说,有集体的成功和个人的成功。本书强调的是个人的成功。它包括事业、婚姻、爱情和其他方面的成功。

二、成功的秘诀

21 世纪如何做一个成功的人,已成为令人感兴趣的话题。成功之路——模仿是成功的捷径,创新是成功的真谛。

1. 科学家的成功公式

爱迪生说:“成功是 99% 的汗水加 1% 的天分。”这就是说,勤奋出天才。

2. 成功的黄金定律

下面的公式可以测试你未来是否可以成功。

成功=幻想+实干+科学管理

公式中的每一项所占的比例不同,如果成功是十份的话(即后面三项的和),在没有小数点的情况下,请你判断等式后的三项所占比例各是多少?(请每人给出答案)

答案:成功(10)= 幻想(4)+实干(3)+科学管理(3)

你的答案是这样的吗? 这里的关键是对幻想的理解,幻想不是头脑发热的空想,而是某种创造性的超前思维。美国微软公司是致力于计算机软件开发的,该公司创始人比尔·盖茨，在公司创建初期，就以超前的思维能力意识到工业计算机中真正的"摇钱树"是在软件中，这种超前思维使其公司获得了成功。微软在2016年BrandZ全球最具价值品牌百强榜上排第三，2016年3月1日，福布斯公布了最新一期全球富豪榜单，比尔·盖茨的个人财富以750亿美元连续三年位居榜首。

第二节　大学期间如何为获得成功打好基础

一、对成功要有强烈的渴望

有一位年轻人想向苏格拉底求教成功的秘诀，苏格拉底让他第二天到河边来见他。见面后苏格拉底拉着年轻人径直向河里走去，当河水快要没过脖子的时候，苏格拉底突然将年轻人的头按入水中。年轻人在水中苦苦挣扎，感到他已经撑不住时，苏格拉底一下把他拉出水面，问他刚才在水中最需要什么，回答是最需要空气。苏格拉底说如果你对成功的渴望像你刚才对空气的渴望那样强烈，你就一定会成功。

二、认清自己，做最好的自己

在美国，有一个关于成功的寓言故事，讲的是，为了和人类一样聪明，森林里的动物们开办了一所学校。开学第一天，学校来了许多动物，学校为它们开设了5门课程，唱歌、跳舞、跑步、爬山和游泳。当老师宣布，今天上跑步课时，小兔子兴奋地在体育场跑了一个来回，并自豪地说："我能做好我天生就喜欢做的事！"而再看看其他小动物，有噘着嘴的，有面无表情的。第二天一大早，老师宣布，今天上游泳课，小鸭兴奋地一下跳进了水里。而小兔却目瞪口呆，其他小动物更不知所措。接下来，第三天是唱歌课，第四天是爬山课……以后发生的情况，便可以猜到了。每天老师安排的课程，小动物们总有喜欢的和不喜欢的。

这个寓言故事诠释了一个通俗的哲理，那就是"让小猪唱歌、兔子游泳是不科学的，也是不现实的"。所以选择自己最擅长的项目能增加成功的概率，即小兔子跑步，小鸭子游泳，小松鼠爬树。

乔丹是篮球飞人，帕瓦罗蒂是美声歌王，索菲亚·罗兰是电影皇后，杨振宁是诺贝尔物理学奖得主。这些精英，之所以出类拔萃是因为他们通晓自己的优势，并使自身的优势获得了最大限度的发挥。成功心理学的理论告诉我们，优势不是这些精英的专利，每个人都有天生的优势。判断一个人是不是成功，最主要的是看他是否最大限度地发挥了自己的优势。这种优势包括天赋和兴趣。

（一）要认清自己

大学四年，必须要认清自己，弄清楚自己想要成为一个什么样的人，特别要知道，自己的兴趣在哪里，天赋在哪里。寻找兴趣和天赋的方法就是多尝试！多尝试自己可能感兴趣的东西：无论是选修课程，还是实习工作；无论是参加社团，还是在网上求知。花足够的时间去尝试、体验，努力寻找兴趣和天赋所在。这样，在大学毕业的时候，才会真正拥有一片充满自信的天空。

（二）做最好的自己

每一个成功者都有一个共同点——做最好的自己。这与其背景、学识、地位没太大的关系，成功者主体才是决定成功的主要因素。做任何事情只要目标明确、充分发挥自己的优势，用心而且是全身心地投入激情、决不放弃，你就很可能会成功。

1. 要学会学习和思考

大学生要学会三种学习和思考的能力。

第一种是自学的能力。要从一个被填充知识的人，变为自学知识的人。不能只会背诵，还要有理解的能力——这包括举一反三的能力，知其然也知其所以然的能力，无师自通的能力，等等。你必须学会问“为什么”。

第二种是从理论到实践的能力。不要只知道公式是什么，理论是什么，还要知道在实际工作中如何运用这些公式和理论。有人说，其实在大学里学到的真正有用的知识，只是一生中要用到的5%而已。所以，更重要的是要知道如何学以致用。

第三种是批判性思维的能力。要学会用不同的观点来看问题，每碰到一个知识点的时候，不但要学会问“为什么”，还要学会问“为什么不”。打破惯性思维。

2. 培养情商，避免成为孤独、被动的人

所谓情商，就是和别人交流的能力、将心比心的能力以及得到别人信任的能力。培养情商的第一步是培养友情。大学时培养的友情，往往可以受益终生。总之，提高情商的好办法是培养友情、锻炼口才和争取实习机会。

第二步是要培养自己的表达能力，也就是口才。口才不是从学校里的哪一门课程上可以学到的，是通过自己努力锻炼的。

第三步是在校期间要多争取实习、实践的机会。大学四年，如果想成为一个受人喜欢、有魅力的人，就要多学习团队合作。读书时一定要充分利用实习、实践的机会学习，培养团队合作能力。“听到的会忘掉，看到的能记住，做过的才真正明白。”这句话告诉我们，必须去实践，才能明白一个团队是怎么工作、怎么设定目标、怎么达到目标的。只有学习如何跟他人协作，才能培养情商，提高与人沟通的能力。

3. 脚踏实地，避免成为浮躁、贪婪的人

《异类》一书告诉我们：每个了不起的大师都是经过差不多一万个小时的练

习才最终成功的。莫扎特大约练习了一万个小时才成为杰出的音乐家,比尔·盖茨大约练习了一万个小时编程才取得成功。千万不要浮躁,不要认为可以侥幸获得成功。

人生中我们拥有两个最大的财富,那就是我们的才华和我们的时间。大学四年,可能是你一生中拥有最多可以自己掌控时间的阶段。务必把握好这四年的时间,尽量多地培养自己的才华。努力学会思考、脚踏实地,力争成为高智商、高情商、有潜力、有思想、有价值、有前途并且讲诚信的中国未来的主人翁。

第三节　坚定的信念　积极乐观的心态

一、信念:成功的关键

什么是信念?

信念是对目标实现的观念和感觉,它是将理想、情感、意志融为一体的动力。信念的最初形式是念头,它是对目标实现的决心、信心和恒心。信念是人人都有的并且是取之不尽、用之不竭的最大潜能。

美国微软公司总裁比尔·盖茨在青少年时期就对计算机表现出浓厚的兴趣和过人的天赋,高中毕业后他怀着这个兴趣和念头不想再升学,可是在父母的规劝下他还是考入了哈佛大学,后来这个念头越来越强烈,他意识到计算机已进入快速发展阶段,于是他果断地下定决心从哈佛退了学,19 岁的比尔·盖茨就这样全身心地投入计算机的研究中。强烈的信念使得比尔·盖茨对世界计算机的发展做出了一连串的惊人改变,他个人也在 30 岁时成为一名亿万富翁。

国外曾有一个著名的安慰剂研究案例,研究对象是患有溃疡病的人。研究对象被分为两组,研究人员告诉第一组人说:“你们将服用绝对有效的新药。”对第二组人说:“你们将服用尚不知疗效的实验药。”实际上给这两组人服用的是完全相同的没有疗效的药。实验结果是,第一组有 70% 的人觉得有效,第二组有 25% 的人觉得有效,差别就在于两组人接受了不同的心理暗示,从而产生了不同的信念。

信念的作用还不只是对药物的反应。信念能使人类有足够的力量战胜各种痛苦、挑战和艰难。

有两位年近 70 岁的老人,一位认为到了这个年纪可算是人生的尽头,于是便开始料理后事,不久便离开了人世。而另一位却认为一个人能做什么事不在于年龄的大小,而在于有什么样的想法。于是,她在 70 岁高龄时开始登山,其中几座还是世界上有名的山,就在她 95 岁高龄时,竟登上了日本的富士山,打破了攀登此山人的年龄的最高纪录。她就是全美鼎鼎有名的胡达·克鲁斯。

信念如此重要,努力建立一个积极的、正确的、强烈的信念会使你的人生更加精彩和辉煌。

二、心态是成败的关键

积极的心态是成功的一半。

据说,在推销员中流传着这样一个故事。

两个欧洲人到非洲去推销皮鞋,第一个推销员看到非洲人都打赤脚,立刻失望起来:“这些人都习惯打赤脚,怎么能买我的鞋呢?”于是沮丧而回。另一个推销员看到非洲人打赤脚,惊喜万分:“这些人都没鞋穿,看来皮鞋市场大得很呀。”于是想方设法,向非洲人推销皮鞋,最后发了大财。这就是心态导致的天壤之别。

拿破仑·希尔还讲过一个令人醒悟的故事。

塞尔玛陪丈夫驻扎在沙漠上的一个陆军基地里,丈夫经常外出演习,她一个人留在陆军居住的小铁皮房子里,奇热无比,又没人和她聊天,周围都是不懂英语的墨西哥人和印第安人,她很难过,写信对父母说她一心想回家去。她的父亲给她回了一封信,信中只有两行字,这两行字却永远留在她心中,并改变了她的生活。这两行字是:“两个人从牢中的铁窗望去,一个人看到泥土,另一个人却看到了星星。”从此,塞尔玛决定在沙漠中找到星星。她观看沙漠的日落,寻找到几万年前留下来的海螺壳;她和当地人交朋友,互送礼品;她研究沙漠植物、物态等,又学习有关土拨鼠的知识……她把原先认为最恶劣的情况变成了一生中最有意义的冒险,并为此出版了一本书——《快乐的城堡》。她从自己的“牢房”中望去,终于望到了星星。是什么让她发生了如此大的转变呢?沙漠没有变,小铁皮房子没有变,气温没有变,印第安人也没有变,改变的是她自己的心态。这就是说,当人在遇到困难时,坏心态让你退缩,并陷入失败的深渊;好心态让你乐观,并获得惊喜的成功。可见,心态在很大程度上决定了一个人的成败。那么如何让自己保持积极的心态,快乐地学习和生活呢?

第一是克服完美主义。你要知道人外有人,天外有天,要允许自己不是最优秀的,要允许自己偶尔犯错误,你才能一直开心快乐。

第二是不要要求所有的人喜欢你。每个人的世界观、人生观和价值观是不同的,所以对别人的要求和衡量标准也是不同的,如果有80%的人认可你,你就应该感到高兴了。

第三是克服糟糕透顶的情绪。不管别人如何评价你,你对自己要有一个客观、公正的评价。任何时候都要保持自信。

第四是不要用别人的错误惩罚自己。

第五是遇到问题、挫折、坎坷时,眼睛里看的、脑袋里想的、嘴里说的都应该是积极的、向上的、光明的和充满正能量的。

一位年轻的船员，第一次出海航行，在航行途中不幸突遇狂风巨浪，帆船的桅杆快被打断了。为避免翻船，他受命去修补桅杆，当他往上爬的时候由于船摇得厉害，加上又很高，他就一直往下看，好几次差一点摔下去。一位有经验的老水手看到了，急忙对他大喊："孩子，不要往下看，抬头往上看。"年轻的船员听了，不再低头看下面，而是抬头只往上爬，那种天摇地动的感觉渐渐消失了，心情恢复了平静。

这个故事启发我们，在生活中可能会碰到令人兴奋的好事，也同样会碰到令人消极悲观的坏事。这都是正常的，如果思维总围着那些不如意的事情转动，就相当于往下看，那么终究会摔下去。发扬往上看的精神才能在我们的事业中取得成功。

第四节　目标——弘扬生命的价值，构筑你的人生

一、目标对人生的影响

哈佛大学有一个非常著名的关于目标对人生影响的跟踪调查。对象是一群智力、学历、环境条件差不多的年轻人，调查结果发现：27% 的人没有目标；60% 的人目标模糊；10% 的人有清晰但比较短期的目标；3% 的人有清晰长期的目标。

根据 25 年的跟踪调查，结果显示，他们的生活状况及分布现象是，3% 的有清晰长期目标者，25 年来几乎都不曾更改过自己的人生目标，他们一直都朝着同一个方向不懈地努力，25 年后，他们几乎都成了社会各界的顶尖成功人士，他们中不乏白手创业者、行业领袖、社会精英。

10% 的有清晰短期目标者，大都生活在社会的中上层。他们的共同特点是，短期目标不断被达成，生活状态稳步上升，成为各行各业不可缺的专业人士，如医生、律师、工程师、高级主管等。

60% 的目标模糊者，他们几乎都能安稳地生活与工作，但没有取得什么特别的成绩。

剩下的那些 25 年来都没有目标者，他们的生活过得并不如意，有的常常换职业，有的要靠社会救济，他们可能常常都在抱怨他人，抱怨社会，抱怨世界。

成功的道路是目标铺成的，有了目标的我们追求成功的道路才会更加顺畅，如果对自己的人生负责，关键是确定正确的人生目标。某高校在对一年级大学生的调查中发现，8% 的大学生认为，自己也不知道为什么就是不愿意学习。学生没有自己的目标，当然也就没有学习的兴趣和动力了。

二、如何制定目标

第一，基于兴趣的人生目标。牛顿在十几岁的时候，他母亲希望他长大以后

去从商，但是牛顿不喜欢。牛顿喜欢读书，他从读书当中获得了极大的乐趣，而且读书也让他越来越清楚地知道，自己将来要做一个什么样的人，所以对于母亲的安排，他心里一百个不愿意，但是基于母亲的坚持，也因为当时家里的境遇，所以他勉强同意了。母亲给他安排的事情就是每天到离家十几里路以外的一个镇子上去卖农产品。牛顿每天早晨就装模作样地和家里的一个老用人一起出门，到了外面之后，他就把所有经营的事情，委托给这个老用人，然后自己找一个僻静的地方，专心地读书。到了晚上，他又和老用人一起回到家里。牛顿对读书的痴迷，深深地感动了他的舅舅，最后他的舅舅说服了牛顿的母亲。牛顿终于又回到学校去读书了。其实从那个时候开始，牛顿已经为自己规划了一个以兴趣为基础的人生目标。他此生最大的一个目标就是不断地攀登科学高峰。而且对自己确定的目标，他一直坚定不移，从来没有动摇过。

第二，基于优势的人生目标。2013 年 4 月 8 日这一天，英国前首相玛格丽特·希尔达·撒切尔离世了。玛格丽特出生在苏格兰一个小镇的一个普通家庭，她的父亲是两家小杂货店的老板。

当初读大学的时候，她读的是化学专业，可是很快她就意识到自己在化学方面好像没有什么天赋，成为不了一流的化学家。同时她也注意到自己对政治方面非常感兴趣，而且经常表现出这方面的智慧。所以她还在学校读书的时候，就已经开始酝酿，将来要从事政治事业。后来她就参加了牛津大学的保守党协会，还当上了这个协会的主席。

毕业之后为了生计，同时也是为了筹集从事政治活动的资金，她曾经在化学公司里面工作，可是每当到了周末，她都急急忙忙地去参加政治集会。当时公司里的人都觉得她怪怪的，一个女生整天去参加那些男人才感兴趣的集会。可是那个时候玛格丽特已经很清楚自己未来要做什么，而且她确信自己有这方面的优势。

事实证明，撒切尔夫人在英国政治舞台上的表演，可谓是精彩纷呈。她连续四年任保守党的领袖，在她 54 岁的时候当上了英国第一位女首相。而且连任三届，执政时间达 11 年之久。成为英国自 19 世纪以来，执政时间最长的一位首相。

第三，目标必须清晰并坚持下去。目标越具体越有利于坚持。记住，能看得见的东西才有诱惑力。有一个真实的故事，它能说明这个问题。

1952 年 7 月 4 日，一个 34 岁名叫弗罗伦丝·查德威克的女士，她要游过英法两国之间的英吉利海峡，那天雾很大，她连护送她的船几乎都看不到，海水温度很低，冻得她瑟瑟发抖。时间一小时一小时地过去了，千千万万人在电视上注视着她。有几次鲨鱼靠近了她，被人开枪吓跑了，她仍然在游。15 个钟头过去了，她被冰冷的海水刺得浑身近乎麻木。她知道自己不能再游了，想叫人拉她上船。她的母亲和教练在另一条船上告诉她，海岸很近了，千万不能放弃。但她朝加州海岸望去,除了浓雾什么也看不到。55 分钟后,她终于被拉上了船,等她暖和过来后对记者说:“说实在的,我不是为自己找借口,如果当时我看见陆地,也许我能坚持下来。”可见,真正令她半途而废的不是疲劳,也不是寒冷,而是因为她在雾中看不到目标。两个月后,在一个晴朗的日子,她成功地游过了同一个海峡,成为第一个游过这一海峡的女性,而且比男性快约 2 小时。

三、目标构架——目标金字塔:聚焦你的才华

目标金字塔是垂直方向上的系列目标。目标金字塔由六个层面组成,如图 1.1 所示。

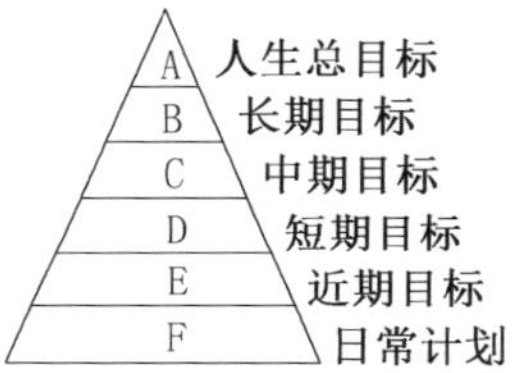

图 1.1　目标金字塔

(1)人生总目标,是核心,是你一生为之奋斗的最高理想,一般指 20 年后实现的目标。如果你能达到或接近这个目标,你就实现了自己的人生目标。

(2)长期目标,是为实现人生总目标而制定的,一般是指 10 ~ 20 年能做到的事情。目标设定得不可太遥远,以免实现过程中出现太多问题。如果没有长期目标,在实现人生总目标时就可能会产生短期的失败感。

(3)中期目标,是为达到长期目标而设定的。一般是指 5 ~ 10 年内所做的事情。

(4)短期目标,是为达到中期目标而设定的。一般是指 1 ~ 5 年要做的事情。

(5)近期目标,是指为达到一年内的目标而设定的每半年或每三个月要做的事情。

(6)日常计划,即半年、每月及每周、每天要做的事情。按先后顺序做好书面计划,做完一个,划掉一个,直到全部完成。

目标金字塔是把你的精力集中起来的最好办法,是聚焦才华、管理才华的最好办法。一个人要想成功,并不在于你有多大的能力和才华,而是看你是不是会管理自己的能力和才华,将它聚集在“特定”目标上并维持下去,这样你才能成为一个硕果累累的丰收者。

四、如何实现目标

行动是化目标为现实的唯一途径,首先要建立新的行为定式,即强化目标意

识,通过心理暗示,让目标进入潜意识,把目标铭刻在心,目标会成为一种新的思维定式,成为积极行动的源泉。需要强调的是,必须每天坚持暗示自己实现目标。

卡耐基说:“食物是身体的营养料,而书本是人心灵的营养料,而那些每天只管浪费时间去读清闲小说和黄色杂志的人是难以有大成就的。自我创富者明白时间的重要性,因此,他阅读的书,都是和他那目标有关系的。”

除了心理暗示之外,更为重要的是感受和体验。曾有心理学家指出:暗示对成功有10%的作用;想象对成功有55%的作用;体验对成功有35%的作用,三者结合起来是100%的作用。只有如此,才能真正把目标变成你行动的纲领。

生命就是一连串的目标组成的,没有目标的生命就像没有舵手的船,永远只会在大海中漂泊,永远不会达到彼岸。

第五节　自信——最佳的心理素质

一、自信的意义

自信是人生的底气,是获得成功的智慧之源。

对于自信的意义,爱迪生曾经这样说,不是因为有些事情难以做到,我们才失去自信,而是因为我们失去了自信,有些事情才显得难以做到。你的成就大小,往往不会超出你的自信心的大小,成功的先决条件就是自信。

二、自信者的特征

当你站在讲台上时,你会一眼看到有些人自信心很强,有些人自信心不足,何以见得呢?

提前到会并坐在前中排者,多半是自信心强的人,因为他们尊重讲课的人(不迟到)、不怕被提问、不怕引人注目。而那些迟到并特意坐在后边、墙角或门口的人,他们多半怕引人注目,喜欢低着头或趴在桌上干别的事,甚至随时准备溜出去。自信者的共性:走路挺胸抬头,快步朝前;举止高雅、庄重而不刻板;说话抑扬顿挫,干脆利索;待人接物热情大方、不卑不亢;当众发言,并不逞能;正眼看人,并不直瞪;爽朗大笑而不狂傲;开会准时并坐在前排;语言幽默诙谐,而不低级庸俗;做事一旦认准目标就会坚持到底。

三、自信者的成就

刘克亚的故事

刘克亚6岁之前没穿过袜子,上中学前没穿过缝纫机做的衣服。后来他来到美国,因英语不好把狗食罐头买来吃,被系主任骂为“牛粪”。在500名学生面前被骂,使他下决心一定要好好学英语。他找了两个外国人做老师,一个是百老汇退休演员,一个是电台退休主持人,每天晚上他去百老汇兼职做带位员,这样既可以免费看戏,也能学到地道的英语和美国的文化。在他英语飞速进步的同时,他的兴趣也发生了变化。他决定退学,读商学院MBA。参加GMAT时满分800,他考了760,托福满分677,他考了667,他发了5封入学申请书,有4所大学录取了他,最后他选了西北大学凯洛格商学院。学费怎么办,8万美元呢。第一个办法,他在《世界日报》登广告,承诺如借给他钱他可以15%的利息还钱;第二个办法,他给美国好莱坞影星写信;第三个办法,他给美国做生意好的中国人写信。3个月过去了三个办法都没结果,最后是他锲而不舍的精神感动了他的一个美国朋友,美国朋友贷款借他8万美元。大学毕业后,他先后工作在美国知名企业罗门哈斯和施贵宝。他离开施贵宝时,职务是市场总监。后来他和朋友合作,在美国创办了有关个人发展方向的培训公司,在培训中他讲述了自己的经历。他说为了生存,他必须充满激情和那个叫自卑的魔鬼作战。他成功了,他以巨大的勇气放弃了原来的专业和奖学金,考上了全美最好的商学院。他去施贵宝当年就完成3 000万美元的销售额,将其公司市场份额提升了15%。他的培训相当成功,让美国人流泪,让美国人嫉妒和不快。美国人认为虽然听课费高但值得,因为为他们的自卑找到了突破口,这是金钱无法代替的,在美国的培训取得成功后,刘克亚选择了回国。中国有更多的人需要以更好的方式学习英语,也有更多的人缺乏的只是自信心。他又去帮助人们拓展生活视野,让他们接触到更高层次的人生。

（来自网络,有删改）

自信不仅让一个农家的穷孩子使美国人折服,还能使一个严重残疾者获得令人羡慕的成就。

曾任美国总统的罗斯福,从小就被人们认为是有缺陷的孩子。上学时,当他被老师叫起来背诵课文时,立即双腿发抖,嘴唇颤动不已,回答得含糊且不连贯。然而,他有一种自信、积极、奋发、乐观、进取的心态,他以顽强奋发的精神,努力克服自己的不足,最终成为美国总统。

自信能改变恶劣的现状,获得令人难以相信的结局。充满自信的人有惊人的力量,他们是击不倒的胜利者。

四、自信心的培养

（一）悦纳自己

人生在世做事也要做人,做人是根本,要做一个能够接纳自己的人,在心理学上称悦纳自己。只有接纳自己的人,才会对自己有一个客观的评价,悦纳自己的人内心充满自信,他们以天生我材必有用的奋斗精神,挖掘自身的潜能和优势,顽强拼搏,创造出骄人的成绩,证明自己是最棒的。

在澳大利亚有一位80后男青年,叫尼克·胡哲,尼克·胡哲出生时就没有四肢,只有一个身子,但是他的家人没有抛弃他,给了他无微不至的关爱。尼克·胡哲最初在面对自己这样的连医学都没有办法解释的,天生没有四肢的身体的时候,他也曾绝望过、迷茫过,但是很快他接纳了自己。他做到了很多一般人必须要通过手和脚才能做到的事情。比如说刷牙、洗头、用计算机等,最让我们难以相信的是他居然学会了游泳、踢球、骑马、冲浪,他甚至可以在冲浪板上做360度的高难度旋转,因此他还登上了美国权威的水上运动杂志《冲浪》的封面。不仅如此,尼克·胡哲还把自己的经历,讲给很多年轻人听,激励他们奋发向上。尼克·胡哲的足迹已经遍及二十多个国家和地区,面对尼克·胡哲,我们任何一个人都应该自信起来,我们必须告诉自己,要接纳自己,包括全部优点,也包括全部不足,我们要对自己说,或许我不是世界上最优秀的那个人,但是我的生命是有价值的,此生此世我是可以有所作为的。

(二)目标不要被别人否定就轻易放弃

我们大家都可能欣赏过雕塑《思想者》,它的作者是法国雕塑家罗丹。罗丹在很小的时候就喜欢美术,但是他其他的功课都非常一般,所以他的家人只好把他送到一所不用考试就可以直接入学的学校,罗丹在这所学校里学习了3年,之后他雄心勃勃地去准备报考巴黎美术学院,结果第一次报考他便失败了,第二次报考又落榜了,第三次报考还是没考上,不过这次他有了意外收获,巴黎美术学院一位资深的主考官,在罗丹的名字旁边写了一行小字——此生无此才能,若继续报考纯属浪费时光。我们知道巴黎美术学院,号称世界四大美术学院之一,也就是说来自最权威的学府、最不留余地的否定,就这样赫然摆在罗丹的面前。大家想一想,假如是我们,还能不能坚持下去。罗丹没有放弃,继续坚持着。虽然罗丹开始也有一些迷茫,也有一些困惑,但是很快他就坚信自己的艺术感觉,他坚信自己的追求是有价值的,所以他向着自己制定的目标,一直百折不挠地追求下去,最后他成了艺术大师。

一个人能走多远取决于自己,而不是别人。所以当我们面对他人否定的时候,我们不能轻易地不加分析就盲目地信以为真,真的觉得自己不行,哪怕是得到权威的否定,我们也不能轻易放弃。

(三)要学会自我激励

自我激励就是经常对自己说我能行,我可以,我办得到,我能做好这件事情,我是最棒的。

同学们,我们生活在21世纪,享有和祖国、和人民、和时代共同成长进步的机会，只要我们充满自信，我们每个人都可以成为优秀的人，每个人都可以创造出自己精彩的人生。

第六节　意志和意志品质——成功的超凡力量

美国心理学家曾用50年的时间对1 528名智力超常的儿童的成长进行了跟踪调查，并对成就最大的160人与成就最小的160人进行了比较，发现他们之间最明显的差异就在于意志品质的不同。成功者都表现出了勇于开拓进取的精神和坚忍顽强的意志。他们认为成功的秘诀很简单，无论何时不管怎样，他们都绝不允许自己有一点点灰心丧气。

爱迪生曾经说过："伟大人物的最明显标志，就是他坚强的意志，不管环境变化到何种地步，他的初衷与希望仍不会有丝毫的改变，而最终克服障碍，以达到期望的目的。"

爱迪生一生有2 000多项发明，其中每项发明都不是一帆风顺的。例如，他研制蓄电池历经10年，共失败100 296次，最终研制成功，其艰辛可想而知。然而正是从10万多次的失败中才获得了最后的成功。因此，可以说没有一次又一次的失败，爱迪生决不会有他那骄人的成绩。无数次失败相加等于成功。发明家爱迪生的成功经验是，开始时有决心、遇到困难时有信心、研究问题时要专心、反复学习时要耐心、向人求教时要虚心。

再如，生物学家吉耶曼和沙利，在长达21年的漫长岁月里，他们不顾同行们的一切怀疑和讥讽，克服了资助中断的困难，攻克了种种科技难关，顽强地进行下丘脑的研究。他们逐一处理27万只羊脑，才获得1毫克促甲状腺释放因子(TRF)的样品，终于发现了脑激素，共同获得1977年诺贝尔生理学或医学奖。他们答记者问时说："什么是坚韧不拔？那就是逐个地分析100万只羊脑！"

通常人们对意志品质的形容是勤奋、刻苦、顽强、自觉、自制、果断、坚韧、始终如一、锲而不舍等。它们确实具有一种超凡的作用，没有这种作用，人们是不可能达到光辉的顶点的。

在大学生群体中，意志品质培养的过程中常见问题有以下几方面。

第一，暗示性，通常表现为从众性。往往放弃自己的见解，随波逐流，依赖于外界。

第二，顽固性，通常表现为执拗性和拒绝癖。具有该特点的学生往往不顾客观事实，顽固地坚持自己的观点，毫无理由地反对他人的言行。这样做容易造成人际关系紧张，陷于孤立境地。

第三，冲动性，通常表现为感情用事，不考虑后果。应当勤于思考，养成三思而行的习惯，要学会斟酌利弊，再做决定。

第四，优柔寡断，通常表现为在决策制定和执行过程中，瞻前顾后，患得患失。

第五，惰性，就是指经常不按自己的愿望进行活动的一种精神状态。通常表现为缺乏进取精神，懒散拖拉，百无聊赖，得过且过。

第六，缺乏恒心，很多大学生常立志、立大志，但就是不能立长志，有常行。

第七，胆怯软弱，通常表现为缺乏勇气和信心，惧怕挫折和失败。

大学生良好意志品质的培养，需要树立高尚的理想，确立适当的目标，遵循循序渐进的规律，讲究科学的方法。

培养意志品质要循序渐进。“合抱之木，生于毫末；九层之台，起于累土；千里之行，始于足下。”良好意志品质的培养和锻炼也是如此，需要一步一个脚印，需要把握任何一个自我锻炼的机会。

法国作家雨果说：“困苦能孕育灵魂和精神的力量，灾难是傲骨的奶娘，祸患是豪杰的乳汁。”温室里的花朵遇到风雨就会凋零，一个人不经受社会熔炉的锻炼就铸就不成坚强的意志。

巴尔扎克说：“世界上的事情永远不是绝对的，结果完全因人而异。苦难对于一个天才是一块垫脚石，对于一个能干的人是一笔财富，对于一个弱者是一个万丈深渊。”说到底，成功者之所以成功，诀窍更在于他怎样看待失败。要以求实精神看待失败，要以实干精神对待失败。要总结经验，扬长避短，奋发图强，脚踏实地去改变现况。让我们用马克思的话来共勉吧：“为了不在空虚的苟且偷安中生活得碌碌无为，来吧，让我们一起走向坎坷不平的遥远路程。”作为当代大学生一定要站在时代高度充分认识意志品质的重要性，不断磨炼自己，争取获得更多的成功和更大的辉煌。

第七节　增强挫折容忍力，发扬坚持的精神

有一首歌唱道：“生活像一团麻，总有解不开的小疙瘩，生活像一条路，路上总有坑坑洼洼……”挫折是人生的伴侣，每个人都会遇到挫折。

如何认识挫折呢？成功者之所以成功，就在于他们对待挫折的态度。面对挫折时，鲁迅彷徨过，哥白尼忧郁过，伽利略屈服过，歌德、贝多芬还曾想过自杀，但他们都战胜了困惑及挫折，最终走向了成功。纵观古今中外许多成就大业的人物，无不是从逆境、坎坷和挫折中磨砺出来的。如果已经遇到挫折，那就面对它，积极地解决它；如果已经历过挫折，那就吸取教训，不能沉浸在忧伤中越陷越深。“人可以被击倒，但不可以被击垮。”

下面来看几个不同的人对待挫折的态度和表现。

美国当代汽车行业著名的企业家雅科卡对待挫折的态度令人回味。1984 年《雅科卡自传》的出版曾轰动美国和世界，再版 16 次，他在自传中说：“失败使我真的感到心烦意乱不能自制了。”那时他为福特公司工作了 38 年后被解雇了，从

一个年薪97万美元的高级雇员一下子成了一个失业者,他简直被气疯了,对自己失去了信心,开始喝酒,差一点自杀。然而坚毅使他迅速振作起来,东山再起,出任美国第三汽车公司——克莱斯勒汽车公司的总裁,却遇到了经济危机,企业濒临破产,但由于他的挣扎、奋斗,凭他的才华和能力获得了巨额贷款,战胜了险恶的环境,仅5年便使企业重振雄风,起死回生,还清了所有的债务。他说:“有时人的建树是在逆境中产生的,当运气不佳时,你不能听天由命,要振作起来与自己的命运搏斗。在艰难困苦之时,最好是埋头工作,将努力与精力变为积极的行动。奋力前行,哪怕时运不济;永不绝望,哪怕天崩地裂。”只有如此你才能重新获得成功。

亚伯拉罕·林肯,他从21岁开始接连遭遇失败,但由于他的决心、信心、恒心和坚韧不拔的意志品质,他终于在52岁时,成功地当选为美国第十六届总统,下面请看他曾经面临过的失败和挫折吧。

21岁生意失败,22岁角逐议员落选,24岁再度生意失败,26岁爱侣去世,27岁精神崩溃,34岁角逐联邦众议员落选,36岁角逐联邦众议员再度落选,47岁提名副总统落选,49岁角逐联邦众议员再度落选。

林肯由于解放黑奴的政策使他成为美国历史上深受人民拥戴的总统。

人们并不希望遭受一连串的挫折和不幸,但每一次挫折往往都能让人醒悟。它使你对自己的力量和缺陷有所了解,它像一面镜子能照一照你是否成熟。只有那些敢于冒失败风险,并从失败中吸取教训、爬起来继续前行的人,才有可能达到目标。

第八节 大度宽容 懂得感恩

一、大度宽容:成功者的风采

大度是指一个人的心胸宽广,不计较。珍惜自己的人际关系,心中常怀感激之情,在任何不平或不满之前,先以谦虚的态度想到彼此的缘分,然后以喜悦的心情、热情的态度对待对方,人与人相互依靠而生活。唯有养成忍耐与宽容的品行,才能更适应社会,这对成功尤其重要。

汪旭的本科和硕士阶段读的是计算机软件专业,博士在清华读的是经济技术专业。毕业时通过网上求职选择了北京首都信息发展股份有限公司(北京首信)。刚开始任“北京之窗”网页编辑,当别人说他是大材小用时,他说:“大材小用不用怕,但自己把自己用小不行。”两周后他开始走出去做记者,策划了北京在建的十大工程的报道,效果显著,公司提拔他担任主编,紧接着经理让他全职搞企业资本运作。后又被任命为政府事业部副经理、总裁助理,两年零10个月后任总裁。他说经营学、管理学、哲学……什么都是人学,原总裁陆首群是国内IT

业资深的专家，他评价汪旭时说：“汪旭不是坐直升机上来的，仅两年零10个月，他所胜任的部门之多，表现之出众不是一般人靠时间能达到的。”他特别强调，汪旭是一个知识功底深、善于与人沟通、工作努力勤奋、做事让人放心的人。汪旭曾当过班长，他成功的法宝就是宽容。大海之所以能纳百川，因为他有宽阔的胸怀，请记住：你想做多大的事，就一定要有多大的胸怀。

二、懂得感恩：成功者的美德

如何做一个懂得感恩的人？在这个世界上，最值得爱的，最值得我们首先去爱的，是我们的父母。终其一生，父母都是我们强大的、最无私的支持者。

2011年的时候，针对老年人消费情况的调查显示，他们消费的约百分之三十是日常支出，约百分之二十三用来补贴自己的子女，只有百分之三点三是用于自己的休闲生活上。我想天下的父母都是无私的，中国的父母尤为无私。我们的感恩应该首先从感谢父母开始。海尔集团就有一个“三不用”的用人原则，其中第一就是不孝顺父母的“不用”。网上的一段视频，文字描述如下。

一名成绩优秀的年轻人去面试一个大公司的经理职位，他通过前面的面试后由董事长亲自面试，做最后的决定。董事长从年轻人的履历上发现，他的成绩一直很优秀，从中学到研究生都是如此。

董事长：是父母为你付的学费吗？

年轻人：我的父亲在我一岁的时候就去世了，是我母亲给我付的学费。

董事长：那你母亲在哪家公司高就？

年轻人：我的母亲是给人洗衣服的。

（董事长要求年轻人把手伸给他，年轻人把一双洁白的手伸给董事长。）

董事长：你帮你母亲洗过衣服吗？

年轻人：从来没有。我母亲总是要我多读书。再说，母亲洗衣服比我快得多。

董事长：我有个要求，你今天回家，给你母亲洗一次手，明天上午你再来见我。

年轻人觉得自己被录取的可能性很大，回到家后高高兴兴地要给母亲洗手，母亲受宠若惊地把手伸给孩子。年轻人给母亲洗着手，渐渐地，眼泪掉了下来。因为他第一次发现，母亲的双手满是老茧，有个伤口在碰到水时母亲疼得发抖。年轻人第一次体会到，母亲就是每天用这双有伤口的手洗衣服为他付学费的，是母亲的这双手让他顺利毕业的。年轻人为母亲洗完手后，一声不响地把母亲剩下要洗的衣服都洗了。当天晚上母亲和孩子聊了很久很久。第二天早上，年轻人去见董事长。董事长望着年轻人红肿的眼睛，问道：“可以告诉我，你昨天回家做了些什么吗？”年轻人回答说：“我给母亲洗完手之后，帮母亲把剩下的衣服都洗了。”董事长说:“请告诉我你的感受。”年轻人说:“第一,我懂得了感恩,没有我母亲,我不可能有今天。第二,我懂得了要去和母亲一起劳动,才会知道母亲的辛苦。第三,我懂得了家庭和亲情的可贵。”董事长:“我就是要录取一个会感恩、会体会别人辛苦,不是把金钱当作人生第一目标的人来当经理。你被录取了。”

从以上案例中不难看出,社会和优秀的企业对人才的要求不单是专业技术水平高、能力强,更看重人品,看他的道德品质。所以要想成功首先要学习做人,如果不会做人连做事的机会都没有。求学期间要感恩父母,只有刻苦学习,以优异的学习成绩报答父母,走上社会后努力工作,让父母不再为你操劳,多为父母创造幸福。俗话说三十年前看父敬子,三十年后看子敬父,但愿三十年后父母能以你为荣。

《增广贤文·朱子家训》:“滴水之恩,当涌泉相报。”所以你不仅仅要关爱父母,还要关爱家人,爱朋友、爱同事、爱你的岗位、爱大自然的一草一木。感谢一路走来,曾经帮助过你的人。当你怀着一颗感恩的心来拥抱这个世界的时候,你会发现,世界是如此美好。感恩让你变得温暖、幸福、充实、强大;感恩让你的人际关系更加和谐;感恩也一定会让你的成功之路更加顺畅。

希望你做一个懂得感恩的人。

第二章　社交礼仪概论

社交礼仪指人类在社会交往活动中约定俗成的表示尊敬的行为规范与准则，用以沟通思想、联络感情、促进了解、构筑和谐，具体表现为礼仪、礼节、仪表、仪式等。

第一节　礼仪的核心概念

尊重是礼仪的核心概念。礼仪的核心以尊重为本。尊重二字，是礼仪之本，也是待人接物的根基。

尊重分自尊与尊他。首先以自尊为本，自尊自爱，爱护自己的形象。然后是尊重他人。

尊重上级是一种天职，尊重下级是一种美德，尊重同事是一种常识，尊重服务对象是一种本分，尊重对手是一种风度，尊重所有人有助于我们人际关系的融洽。

尊重礼仪规则有助于我们成功，大家都尊重礼仪规则有助于我们构建和谐社会。

第二节　社交礼仪的要素、性质及其基本原则

一、社交礼仪的要素

1. 社交礼仪的主体

社交礼仪的主体指各种社交礼仪行为与社交礼仪活动的操作者和实施者。

2. 社交礼仪的客体

社交礼仪的客体指社交礼仪行为和社交礼仪活动的指向者和承受者。

主体与客体关系是可以互相转化的，为了建立、维护和发展更融洽的人际关系，往往需要人们自觉地、自动地、及时地促成这种转化。

3. 社交礼仪的媒介

社交礼仪的媒介指进行社交礼仪活动时所依托的一定的方法、手段和介质。

礼仪媒介系统：

书面语言媒介——书信、贺信、请柬、唁电等

形体语言媒介
- 表情、目光
- 手势
- 站姿、坐姿等

界域语言媒介
- 交谈距离、乘车位置
- 会场排位、宴会桌次、合影位置

服饰媒介
- 服装
- 饰品

物体媒介　礼品——纪念品

4. 社交礼仪的环境

社交礼仪的环境指社交礼仪行为和活动得以进行的特定的时间和空间。

社交礼仪的环境包括自然环境与社会环境。

二、社交礼仪的性质

（1）存在时空的广泛性。社交礼仪在整个人类社会发展的过程中普遍存在，并被人们广泛认同。

（2）约定俗成的规范性。各种礼仪规范都是在社会生活中共同议定、众所习用而形成的，包括道德规范、等级规范、次序规范、场合规范和行为规范。

（3）推陈出新的继承性。礼仪更新是规律，是人们在长期社会生活中形成的一种习惯，是人类生存和发展的需要，是人们之间相互交流所产生的一定形式。

（4）民族地方的差异性。指不同地方的礼仪具有各自不同的特点。

（5）由表及里的功能性。如沟通功能、协调功能、维护功能、教育功能等。

三、社交礼仪的基本原则

（1）遵时守约原则——讲究诚信，按时履约，遵守时间，信守诺言。

（2）公平对等原则——一视同仁，礼尚往来。

（3）和谐适度原则——把握分寸，恰当得体，不卑不亢，热情大方，注意技巧，合呼规范，避免过犹不及。

（4）遵守公德原则——文明礼貌、尊重他人、遵章守纪、敬老爱幼。

（5）宽容自律原则——多容忍他人，多体谅他人，多理解他人，学会为他人着想，善解人意。

（6）系统整体原则——指礼仪本身是一个有机的系统，我们应该认识到这种系统性，用系统的方法来认识和处理礼仪的相关问题。

第三节 日常交往礼仪

日常交往礼仪中首要的就是见面礼仪。见面礼仪是人们进入交际状态实施的第一个礼仪,是情感交流的开始,关系到第一印象,是关系交际活动能否成功的起点。见面礼仪一般包括称呼、握手、鞠躬、亲吻、介绍等。

一、称呼礼仪

称呼,指的是人们在日常交往中,所采用的彼此之间的称谓语。正确、适当地使用称呼,反映人们自身的教养和对人的态度。

(一)称呼的原则

(1)与场合相符。

(2)与双方身份关系相符。

(二)日常生活中的称呼

1. 尊称

对长辈、平辈称“您”,对晚辈称“你”,对德高望重的老人称“您老”或具体“姓+老”,如“冯老”等。

2. 以“同志”相称

在不知如何称呼对方时,以“同志”相称这种略显保守的称呼反而较保险。

3. 以“先生”“女士”“夫人”“太太”相称

对已婚或婚姻状况不明的女性称“女士”。

4. 以对方的职务、职称相称

如“汪所长”“夏教授”。

5. 姓名或姓、名加辈分

如“李华强伯伯”“黄叔叔”“明菲阿姨”。

(三)工作中的称呼

在工作岗位上,人们彼此之间的称呼有其特殊性。其总的要求是庄重、正式、规范。

1. 职务性称呼

在工作中,以交往对象的职务相称,以示身份有别和尊重。

(1)仅称职务,如“厂长”“处长”“主任”“馆长”等。

(2)在职务前加姓氏,如“李部长”“章部长”“刘处长”等。

(3)在职务之前加上姓名,这仅适用于极其正式的场合,如“杨明新市长”“刘平书记”等。

2. 职称性称呼

具有职称者,尤其是具有高级职称者,在工作中直接以其职称相称。

(1)仅称职称,如“教授”等。

(2)职称前加姓氏,如“马教授”“赵编审”,或把“王工程师”简称为“王工”等。

(3)职称前加上姓名,如“袁民教授”等。

3. 学衔性称呼

以学衔作为称呼,可增加被称呼者的权威性,有助于增强现场的学术气氛。如“博士”“杨博士”“高晓明博士”等。

4. 组织生活中的称呼

在党团组织生活中,通常称呼同志。

(1)姓名加上同志,如“司马宏同志”“刘辉林同志”等。

(2)名字加上同志,如“曙光同志”“志洁同志”等。

5. 同事间的姓名性称呼

一般限于同事、熟人之间。

(1)直呼姓名,如“王力强”“李嘉”等。

(2)只呼其姓,不称其名,如“老李”“小张”“大刘”等。

(3)只称其名,不呼其姓,通常限于同性间,尤其是上司称呼下级、长辈称呼晚辈,在亲友、同学、邻里间也使用这种称呼,如“明敏”“玉红”等。

二、握手礼仪

(一)握手的时机

1. 迎送时表示敬意

在办公室、家中以及其他一切以自己作为东道主的社交场合,迎接或送别外宾和来访者时,要握手,表示欢迎或欢送。慰问同事、进行家访后,在辞行时,要握手以示“再会”。

2. 在重要的社交活动中表示敬意

如开学典礼、毕业礼典、年终奖励、研讨会、家长会、校友会、运动会、宴会、舞会、沙龙、生日晚会开始前与结束时,要与来宾握手,以示欢迎与道别。

3. 表示感谢

他人给予自己一定的支持、鼓励、祝贺、馈赠、帮助或邀请参加活动时,要握手,以示衷心感谢。

4. 向他人表示恭喜、祝贺时

如祝贺他人生日、结婚、生子、晋升、升学,或获得荣誉、嘉奖时,要握手,以示贺喜之意。

5. 高兴与问候

遇到较长时间未曾谋面的熟人要握手,以示久别重逢而万分欣喜。被介绍给不认识者时,要握手,以示自己乐于结识对方,并为此深感荣幸。在社交场合,偶然遇到同事、同学、朋友、邻居、长辈或上司时,要握手,以示高兴与问候。

6. 对他人表示理解、支持、肯定时,要握手,以示真心实意

得悉他人患病、遭受其他挫折或家人过世时,要握手,以示慰问。

(二)握手的方式

1. 支配式

握手时,如果掌心向下,就会传送给对方一种支配性的态度,使对方感到"这个人想支配我,最好谨慎一点"。这种方式让自己显得自高自大,基本不予采用。

2. 顺从式

如果掌心朝上同对方握手,就会传达给对方一种顺从性的态度,使对方感到"我可以支配这个人,他会听我的话"。这种方式能显示谦顺、谨慎的态度。

3. 平等式

以右手单手与人相握,是常用的握手方式。单手与人相握时,手掌垂直于地面最为适当。它称为平等式握手,表示自己不卑不亢。

握手的标准方式,是行至距离握手对象约 1 米处,双腿立正,上身略向前倾,头微低,伸出右手,四指并拢,拇指张开与对方相握。握手时应用力适度,上下稍许晃动三四次,随后松开手来,恢复原状。

(三)握手的注意事项

具体来说,握手时应注意的问题有以下几方面。

1. 神态

与人握手时,应当神态专注、热情、友好、自然。在通常情况下,与人握手时,面带笑容,目视对方双眼,并且口道问候。

2. 姿态

向他人行握手礼时,只要有可能,就应起身站立。除非是长辈或女士,否则坐着与人握手是不合适的。握手之时,双方彼此之间的最佳距离为 1 米左右,因此握手时双方均应主动向对方靠拢。

最好的做法是双方将要相握的手各向侧下方伸出,伸直相握后形成一个直角。

3. 手位

在握手时,手的位置至关重要。常见的手位有以下两种。

(1)单手相握。以右手单手与人相握,是最常用的握手方式。

(2) 双手相握。双手相握又称“手套式握手”，即用右手握住对方右手后，再以左手握住对方右手背。

4. 力度

握手时，为了向交往对象表示热情友好，应当稍许用力。与亲朋故旧握手时，所用的力度可以稍为大一些，而在与异性以及初次相识者握手时，则千万不可用力过猛。

5. 时间

在普通情况下，与他人握手的时间不宜过短或过长。大体来讲，握手的全部时间应控制在 3 秒钟以内。

握手时两手稍触即分，时间过短，好似在走过场，又像是对对方怀有戒意；而与他人握手时间过久，尤其是拉住异性或初次见面者的手长久不放，则显得有些虚情假意，甚至会被怀疑为“想占便宜”。

（四）握手的次序

行握手礼时，女性、长者、尊者、上级、主人、先到者、已婚者有先伸手的义务，不然会使对方尴尬。作为学生、男性、年轻者、下级、客人、后到者、未婚者只有向对方问候并在对方伸手之后再行握手礼。

握手礼仪的特例是主人与客人握手的次序。在接待来访者时，应由主人首先伸出手来与客人相握表示“欢迎”。而在客人告辞时，则应由客人首先伸出手来与主人相握表示“再见”。

（五）握手的禁忌

(1) 拒绝他人的握手。

(2) 用力过猛。

(3) 交叉握手。

(4) 戴手套握手。

(5) 握手时东张西望。

（六）不宜握手的情况

(1) 对方手部有伤。

(2) 对方手里拿着较重的东西。

(3) 对方忙着别的事，如打电话、用餐、主持会议、与他人交谈等。

(4) 对方与自己距离较远。

(5) 对方所处环境不适合握手。

(6) 当自己的手不干净时，应亮出手掌向对方示意声明，并表示歉意。

三、鞠躬礼仪

鞠躬属于问候的一部分，是我国传统礼仪之一。鞠躬可以表现自己的谦恭，而且鞠躬礼应用的范围十分广泛，主要在演讲、领奖、谢幕和悼念等场合应用。

行鞠躬礼前站姿要端正，要上身慢慢前倾，不能只点头而不躬身。行礼时，可用呼吸法来规范自己。吸一口气然后弯下上身，在吐气过程中完成鞠躬礼，等下次吸气中抬起上半身和头部，恢复鞠躬前的姿势。行鞠躬礼的注意事项主要有以下几方面。

1. 距离

日常鞠躬时要注意，如果戴帽子时，需将帽子摘下，因为戴着帽子行鞠躬礼是不礼貌的。行鞠躬礼一般在距离对方 2 ~3 米的地方，在与对方目光交流的时候行礼，且行鞠躬礼时要露出真诚的笑容。鞠躬时目光应向下，表示谦恭的态度，不要一面鞠躬，一面朝着对方看。

2. 幅度

鞠躬的幅度依受礼对象和场合而定。一般问候或打招呼，鞠躬的幅度约 15 度。迎送客人等场合，鞠躬的幅度是 30 ~40 度，如在悔过的场合，则是 90 度的鞠躬。因为 90 度的大鞠躬能表示其诚恳之意。鞠躬的幅度越大，越能表示出对对方的敬重。

四、亲吻礼仪和拥抱礼仪

（一）亲吻礼仪

亲吻礼仪是西方的一种礼节，它是上级对下级，长辈对晚辈，朋友或夫妻之间表示亲昵、爱抚的一种见面礼节。多采用拥抱亲脸颊、额头、贴面颊、吻手等形式。

吻的部位不同，表示的含意也完全不同，一般而言，吻手表示敬意、吻颊表示欢喜、吻唇表示恋爱、吻额表示关爱、吻眼表示幻想、吻掌表示热情。

（二）拥抱礼仪

国际交往中，在欢迎宾客或表示祝贺、感谢的隆重场合，常常采用拥抱的礼仪。

五、介绍礼仪

介绍分为自我介绍、为他人介绍、被第三者介绍给对方三种情况。

一般介绍有三要素：姓名、供职单位和职务。

(一)自我介绍

1. 自我介绍类型

(1)在社交活动中,在欲结识某人却无人引见的情况下,可自己充当自己的介绍人,将自己介绍给对方。这种自我介绍称主动型的自我介绍。

(2)应其他人的要求,将自己某些方面的具体情况进行一番自我介绍。这种自我介绍称被动型的自我介绍。

2. 自我介绍的方式

(1)应酬式的自我介绍。

(2)工作式的自我介绍。包括本人姓名、供职的单位以及部门、担负职务或从事的具体工作等。

(3)交流式的自我介绍。大体包括本人的姓名、工作、籍贯、学历、兴趣以及与交往对象的某些熟人的关系等。

(4)礼仪式的自我介绍。包括姓名、单位、职务等项。

(5)问答式的自我介绍。针对对方提出的问题,做出自己的回答。这种方式适用于应试、应聘和公务交往。

3. 自我介绍时应注意的礼仪

(1)应镇定、自信而清晰地报出自己的姓名,并善于使用体态语言表达自己的友善、关怀、诚意和愿望。

(2)根据不同的交往目的,注意介绍的繁简。

(3)自我介绍要掌握分寸。

(二)为他人做介绍

在为他人做介绍时,首先要了解对方是否有结识的愿望。最好不要向一个人介绍他不愿认识的人。

在为他人做介绍时,要注意介绍次序,遵从“尊者先知”或“先向尊者介绍”的准则进行介绍。因此,先要确定双方地位的尊卑,然后先介绍位卑者,后介绍位尊者。这样,可使位尊者先了解位卑者的情况。

为他人做介绍时要注意以下几方面。

(1)介绍上下级认识时,先介绍下级,后介绍上级。

(2)介绍长辈与晚辈认识时,应先介绍晚辈,后介绍长辈。

(3)介绍年长者与年少者认识时,应先介绍年少者,后介绍年长者。

(4)介绍女士与男士认识时,应先介绍男士,再介绍女士。

(5)介绍已婚者与未婚者认识时,应先介绍未婚者,后介绍已婚者。

(6)介绍同事、朋友与家人认识时,应先介绍家人,后介绍同事、朋友。

(7)介绍来宾和主人认识时,应先介绍主人,后介绍来宾。

(8)介绍与会先到者与后来者认识时,应先介绍后来者,后介绍先到者。

(9)介绍本国人和外籍人士认识时,应先把本国人介绍给外籍人士。

第四节　名片礼仪

一、名片的种类及内容

1. 应酬式名片

应酬式名片上面通常只有姓名或籍贯,用于说明身份,或用作便条。

2. 社交式名片

社交式名片上提供的内容主要是姓名和联络方式。

3. 公务式名片

公务式名片的基本内容有:

(1)本人归属(企业标志、单位全称)。

(2)本人称谓(姓名、行政职务、学术头衔)。

(3)联络方式(地址、邮政编码、办公电话)。

4. 单位式名片

单位式名片的基本内容为单位的经营范围。

二、名片的制作

1. 规格

国际的标准规格是10厘米×6厘米,即长10厘米,宽6厘米;国内通用规格是9厘米×5.5厘米,即长9厘米,宽5.5厘米,如无特殊需要,不应将名片制作过大,甚至有意搞折叠式,免得给人以标新立异、虚张声势之感。

2. 材料

印制名片的材料,一般是纸质的,而且是再生纸的比较好。

3. 色彩

一般宜选庄重、淡雅、朴素的单色,如白色、米色、淡黄色、淡灰色等,并且以一张名片一色为好,不要设计为花色、杂色的名片。

4. 图案

一般可以有企业标志、企业所处的位置、企业的标志性建筑及主打产品。不要放无关的图案,如人像、漫画、花卉、宠物等。

5. 字体及内容

用汉语简体字,标准的印刷体和楷体,中文和外文要两面印刷,不要将两种文字交错印在同一面,不要印名人警句之类的内容,最好不要自制,也不要以复印、油印、影印的方法制作名片,它们均不够正规。

三、递送名片礼仪

(1)自己的名片应该放在名片夹之类的妥善地方。

(2)要保持名片或名片夹的清洁、平整。

(3)交换名片的礼节顺序一般是,位低者先向位高者递上名片,然后再由后者回赠,与多人交换名片时应依照职位高低的顺序,或是由近及远,依次进行。在圆桌上要按顺时针方向开始,切勿跳跃式地进行,以免被对方误认为有厚此薄彼之感。

(4)不要用左手递交名片。

(5)不要将名片举得高于胸部。

(6)不要以手指夹着名片给人。

(7)若对方是外宾,最好将名片印有英文的那一面对着对方。

四、索取名片

1. 交易法

想索要他人名片时,最简单的办法就是把自己的名片先递给对方,所谓“来而不往,非礼也”,当你把名片递给对方时,对方一般会回赠名片给你。

2. 激将法

有的时候遇到的交往对象地位身份比我们高,或者为异性,这种情况下把名片递给对方,对方很有可能不回赠名片,遇到这一情况,不妨在把名片递给对方的时候,略加诠释,如“××,我非常高兴能认识您,不知道能不能有幸跟您交换一下名片?”此时,对方一般会回赠名片。

3. 谦恭法

在索取对方名片之前,稍做铺垫,以便索取名片,如见到一位研究电子计算机技术的专家,可以说:“认识您我非常高兴,虽然我用计算机已经四五年了,但是与您这样的专业人士相比相形见绌,希望以后有机会能够继续向您请教,不知道以后如何向您请教比较方便?”前面的一席话都是铺垫,只有最后一句话才是真正的目的。谦恭法一般是对地位高的人,对平辈或者晚辈就不大合适。

五、拒绝索取

当他人索取本人名片时,而自己不想给对方,应用委婉的方法表达此意。可以说:“对不起,我忘了带名片。”也可以说:“抱歉,我的名片用完了。”若本人没有名片,又不想明说时,也可以用这种方法表述。

第五节　拜访礼仪

拜访是指因公或者因私前往他人的工作地点、私人居所或者其他商定的地点探望、会晤对方,或者与对方进行其他方面的接触。拜访是一种双向的活动。

一、拜访的礼仪

1. 事先预约

(1)约定时间。

(2)约定人数。

(3)做客准备。

(4)准时赴约。

2. 做客得体

(1)叩门通报。

(2)相见问候。

(3)入座得体。

(4)把握时间。

二、待客的礼仪

(一)细心准备

1. 清洁环境

清洁卫生,创造良好的待客环境;完善个人的整体形象,以示对客人的重视。

2. 待客用品

一是茶水、饮料、水果、糖果和点心;二是报刊、图书、玩具,可以给随行的孩子使用;三是娱乐用品,有时间时宾客可以在一起进行娱乐活动。

3. 膳食住宿

预先准备好膳食和住宿。

(二)热情待客

1. 选择合适话题

主人在客人坐下、奉敬茶、糖果等之后,应及时与之交谈,以免尴尬,话题可因实际情况而定。主人若暂时无法陪客人交谈,可安排身份相当者代陪或提供报刊、打开电视供客人消遣,切不可出现主人只顾自己忙,把客人独自晾在一边的情况。

2. 注意礼宾次序

要注意按照惯例“依次而行”,通常是女士先于男士;长者先于晚辈;位高者先于位低者。接待多方、多位来宾时，在态度上、行动上均要对其平等相待，一视同仁。问候介绍顺序见表2.1，握手顺序见表2.2，行走顺序见表2.3。

表2.1　问候、介绍顺序表

问候顺序：次尊者向尊者问好。介绍顺序：将次尊者介绍给尊者。		
尊者	问候、介绍的顺序	次尊者
女士	←	男士
年长者	←	年少者
职位高	←	职位低
身份高	←	身份低
客人	←	主人
先来者	←	后到者
已婚者	←	未婚者
教师	←	学生
残疾人士	←	健全者

表2.2　握手顺序表

握手顺序：尊者先伸手		
尊者	行为顺序	次尊者
女士	→	男士
年长者	→	年少者
职位高	→	职位低
身份高	→	身份低
客人	←	主人（欢迎客人）
客人（做客告辞时）	→	主人
先来者	→	后到者
已婚者	→	未婚者
教师	→	学生
残疾人士	→	健全者

表2.3　行走顺序表

尊者	进电梯、乘车、入席、行走、上楼梯的顺序		次尊者
女士	先	后	男士
年长者	先	后	年少者
职位高	先	后	职位低
身份高	先	后	身份低
客人	先	后	主人
先来者	先	后	后到者
已婚者	先	后	未婚者
教师	先	后	学生
残疾人士	先	后	健全者

三、探病的礼仪

了解探病的时间，不宜太早或太晚；尊重病人的隐私，避免影响病人作息，遵守病房规则。

（1）可赠送鲜花或书籍，让病人心灵得到慰藉。

（2）事先了解病人能吃什么，喜欢吃什么，不要赠送病人不能食用的物品。

（3）不宜介绍偏方。

（4）进入病房时，表情应自然，切忌哭泣，以免影响病人及其家属的心情。

（5）应当讲体恤家属辛劳的话。

（6）不宜谈刺激病人的人、事等，以免病人情绪反应过度，影响病情。

（7）谈话声音适量，以免妨碍其他病人。

（8）慰问病人应说充满希望的话，给予病人鼓励。

（9）不要坐在病床上，以免令病人产生不舒服的感觉。

（10）不宜带小孩去看病人，除非病人渴望见到这个小孩。

（11）自己感冒时最好不要去探病，以免把病菌传染给病人，加重病情。

（12）注意把握赠礼的方式与时机。

（13）见有他人来探病，应适时告辞。

（14）离开病房时，要使病人保持愉快而乐观的情绪，祝福病人早日康复。

第六节　馈赠礼仪

一、馈赠礼仪的概念及原则

（一）馈赠礼仪的概念

馈赠，是指人们为了表达个人敬意，而将某种物品不求报偿、毫无代价地送给他人的行为。

（二）馈赠礼仪的原则

1. 目的性

馈赠是为了表达对他人的祝贺、感谢、关怀、安慰、鼓励和思念等心情，是为了使对方在接受礼物后产生愉悦和幸福的情感。

2. 针对性

礼物要使受礼者喜爱，就要有的放矢。选择礼物时，要考虑受礼一方的性别、年龄、婚否、职业、国籍、民族、宗教信仰和兴趣等，还要考虑送礼的目的，例如：结婚、乔迁、探望病人、欢迎、告别等，目的不同礼物也要各有不同。

3. 纪律性

全国乃至世界都提倡廉政建设，许多单位制定了有关送礼和受礼的制度和政策，因此，在馈赠和接受礼物时要注意遵守。

4. 禁忌性

馈赠还要注意馈赠的禁忌，避免好心办坏事，南辕北辙。

二、馈赠的方式

（1）邮寄赠送。礼物一般要附一份礼笺，礼笺上不但要署名，还要用规范的语言说明赠送礼物的原因。

（2）托人赠送。为了避免受礼人的拘谨和尴尬，也可以选择托人转送礼物。所托之人在转交礼物时，一定要用恰当的言辞，向受礼人解释送礼人不能当面赠送的理由。

（3）当面赠送。这是最为常见的赠送方式。当面赠送礼物时，送礼人与受礼人可以畅叙情谊，说明礼物的寓意等。

三、馈赠的时机

（1）传统节日和重大纪念日。

（2）喜庆之日。

（3）临别送行。

（4）探视病人。

（5）开业、庆典之日。

（6）酬谢他人。

四、馈赠时的注意事项

（一）馈赠禁忌

（1）忌给有生理缺陷的人送他们无法使用的礼品。

（2）男士忌给女士送鞋、袜或内衣。

（3）忌在临别告辞时送礼或一声不吭地把礼物放在门口或房间角落里一走了之。

（二）给外宾送礼物时应注意的问题

（1）给外宾送礼时礼物不必太贵重。

（2）除鲜花外，其他的礼物都要带包装送，注意装饰。

（3）送礼物时要落落大方，要在刚见面或临分手时当面交给对方。

五、谢绝馈赠的礼仪

（1）立即采取行动，在 24 小时内把礼物退回。

（2）退回礼物时，要附有信件，既要感谢送礼者，又要清楚地表明礼物不能接受；要保存回信复印件，以便保护自己。

（3）在谢绝礼物的回信中，一定要写明收到礼物和回信的日期。

（4）在回信中，要注意不用有副作用的语言，不用侮辱性的词句，原则是送回礼物而又保持友好关系。

六、回礼

当收到他人礼物时，必须想到回赠礼物，这才符合交际礼仪。回赠的时间要适当，可以在客人临走时回赠，如果刚接受了他人给你的礼物，不宜当场就回赠。可以在隔一段时间后登门回拜时，带给对方礼物表示谢意。回赠的方式可以选择送礼物的方式、宴请的方式或参加各项活动的方式，向对方表示感谢。

第七节　宴会礼仪

宴会是一种正式而隆重的宾主在一起用餐的集会。根据交际礼仪的规范，宴会应被视为一种高层次的社交活动形式。

一、餐前的表现

（1）应邀赴宴。

（2）抵达现场。

（3）依次就座。

入座时，应从自己行进方向的左侧就座。双手挪椅，轻挪轻放。优先让女士、年长者、职位高者就座。

二、席间的禁忌

（1）忌用餐时响声大作。

（2）忌剔牙时毫不掩饰。

（3）忌随处乱吐废物。

（4）忌每次入口食物过多。

（5）忌用餐时“满脸开花”。

（6）忌就餐时吸烟。

（7）忌在用餐过程中当众“宽衣解带”。

（8）忌在餐桌上整理发型或补妆。

（9）忌口含食物与人交谈。

（10）忌替人夹菜。

（11）忌对他人不断劝酒。

(12)忌饮酒之时找人划拳。

(13)忌下手取用应用餐具所取用的菜肴。

(14)忌站起来取菜。

(15)忌对食物挑三拣四。

(16)忌用餐时餐具铿锵作响。

(17)忌以餐具“指点”他人。

(18)忌乱用餐具。

(19)忌“品味”餐具。

(20)忌同人抢菜。

(21)忌端着碗和盘用餐。

(22)忌捡食掉出来的食物。

(23)忌一边行走一边吃喝。

(24)忌乱吹、乱搅汤或饮料。

(25)忌双手乱动、乱放。

(26)忌在别人致祝酒词时表现得迫不及待。

(27)忌在用餐期间不搭理任何人。

(28)忌大谈特谈令人“浮想联翩”的事物。

(29)忌非议席上的饭菜。

三、工作餐、自助餐、西餐礼仪

(一)工作餐礼仪

工作餐指在人际交往中具有业务关系的合作伙伴为进行接触、保持联系、交换信息或洽谈生意,而假借用餐的形式所进行的一种社交聚会。

1. 工作餐的安排

(1)用餐的目的。举行工作餐主要是为了与有关人士就某些双方共同感兴趣的问题进行一种非正式谈话。所以进行工作餐之前要确定好目标。

(2)时间安排,宜安排在工作日进行,时间大概为 1 个小时。总之,经过参与者同意以方便众人为原则。

(3)地点安排,地点一般由主人选定,但主人在做选择时有必要考虑客人的习惯和偏好。如有必要主人可以向客人推荐几个自己中意的地点,由客人挑选。

2. 工作餐的进行

(1)就餐的座次。

同一桌或同一房就餐,主人就座于主宾之后。

座次规范:主人的右侧;主人的正对面;面对正门之处;视野开阔之处;较少

干扰之处。

能够观赏优美景致的位置;主人与主宾为异性,双方最好对面而坐;随行人员依次按主人与主宾的位置自由地择位而坐。

(2)菜肴的选择。

与宴会相比工作餐以简单为要,不要过于丰盛,清淡可口,够吃即可。征求主宾意见,注意饮食的禁忌。主人不可贸然为大家统一点菜,可由每位用餐者自点一道菜或统一选择套餐。出于卫生方面的考虑,工作餐最好采取“分餐制”,不习惯的可以采取“公筷制”。

(3)席间的交谈。

工作餐的好处就是办事与用餐两不误。所以待主宾用完主菜之后,主人便可以暗示对方交谈可以开始了。大家在交谈时要注意以下事项。

①交谈中不要偏离正题。自己说话时不要东拉西扯、长篇大论、口水狂飞;别人说话时要认真倾听,不要中途打岔,也不要心不在焉。

②与人交谈时不要影响他人用餐。在别人用餐时不要向对方请教问题。

③工作餐时的交谈不宜录音、录像,可以安排专人负责记录。如有进行笔录等需要时,应事先向交谈对象征询意见,获得对方同意后,方可进行。如对方不同意时,切不可坚持这样做。

(二)自助餐礼仪

在用餐时调动用餐者的主观能动性,由其自己动手在既定的范围之内选用菜肴。

1. 自助餐的安排

(1)就餐的时间。

自助餐时间不必进行正式的限定,只要主人宣布用餐开始,大家即可动手就餐。在整个就餐期间,用餐者可以随到随吃。

(2)就餐的地点。

既能容纳全部的就餐者,又能为其提供足够的交际空间。应注意:一是提供一定的活动空间;二是提供数量足够的桌椅;三是就餐地点环境宜人。

(3)食物的准备。

自助餐为就餐者提供的食物,既应有其共性,又要有其个性。

(4)客人的招待。

招待好客人,是自助餐主办者的责任和义务。

一要照顾好主宾;二要充当引见者;三要安排服务者。

2. 自助餐的享用

享用的礼仪规范如下。

(1)排队取菜。

(2)循序取菜。取菜有其标准的先后顺序,依次应当是冷菜、汤、热菜、点心、甜品和水果。

(3)量力而行。不允许浪费食物。

(4)多次取菜。以“多次少取”为原则。

(5)避免外带。

(6)送回餐具。

(7)照顾他人。

(8)积极交际。

(三)西餐礼仪

在欧洲,所有跟吃饭有关的事,都备受重视,因为它同时提供了两种最受赞赏的美学享受——美食与交谈。除了口感精致之外,用餐时酒、菜的搭配,优雅的用餐礼仪,调整和放松心态,享受环境和美食,正确使用餐具、酒具都是开始品味美食的选修课。

1. 预约的窍门

越高档的饭店越需要事先预约。预约时,不仅要说清人数和时间,也要表明是否要吸烟区或视野良好的座位。如果是生日或其他特别的日子,可以告知宴会的目的和预算。在预定时间内到达,是基本的礼貌。

2. 再昂贵的休闲服,也不能随意穿着进入餐厅

欧美人去高档的餐厅,男士要穿着整洁的上衣和皮鞋;女士要穿套装和有跟的鞋子。如果指定穿正式服装的话,男士必须打领带。

3. 由椅子的左侧入座

最得体的入座方式是从左侧入座。当椅子被拉开后,身体在几乎要碰到桌子的距离站直,领位者会把椅子推进来,腿弯碰到后面的椅子时,就可以坐下来。

4. 坐姿

用餐时,上臂和背部要靠到椅背,腹部和桌子保持约一个拳头的距离,两脚交叉的坐姿最好避免。

5. 点酒时不要硬装内行

在高级餐厅里,会有精于品酒的调酒师拿酒单来。对酒不大了解的人,最好告诉他自己挑选的菜色、预算、喜爱的酒类口味,请调酒师帮忙挑选。

若是肉类应搭配红酒,鱼类则搭配白酒。上菜之前,不妨来杯香槟、雪莉酒或基尔酒等较淡的酒。

6. 餐巾在用餐前就可以打开

点完菜后,在前菜送来前的这段时间把餐巾打开,往内折三分之一,让三分之二平铺在腿上,盖住膝盖以上的双腿部分。最好不要把餐巾塞入领口。

7. 用三根手指轻握杯脚

酒类服务通常由服务员负责将少量酒倒入酒杯中,让客人鉴别一下品质是否有误。只需把它当成一种形式,喝一小口并做出回应。接着,侍者会来倒酒,这时,不要动手去拿酒杯,而应把酒杯放在桌上由侍者去倒。正确的握杯姿势是用手指轻握杯脚。为避免手的温度使酒温增高,应用大拇指、中指、食指握住杯脚,小指放在杯子的底台固定。

8. 喝酒的方法

喝酒时绝对不能吸着喝,而是倾斜酒杯,像是将酒放在舌头上似的喝。轻轻摇动酒杯让酒与空气接触以增加酒味的醇香,但不要猛烈摇晃杯子。此外,一饮而尽和边喝边透过酒杯看人,都是失礼的行为。不要用手指擦杯沿上的口红印,用面巾纸擦较好。

9. 喝汤的方法

喝汤时,先用汤匙由后往前将汤舀起,汤匙的底部放在下唇的位置将汤送入口中。汤匙与嘴部呈45°角较好。身体的上半部略微前倾。碗中的汤剩下不多时,可用手指将碗略微抬高。如果汤是用有握环的碗装的,可直接拿住握环端起来喝。

10. 面包的吃法

吃面包时一般遵循先用两手撕成小块,再用左手拿来吃的原则。吃硬面包时,用手撕不但费力而且面包屑会掉落,此时可用刀先切成两半,再用手撕成块来吃。切面包时避免像用锯子割面包似的。切时可将面包固定,避免发出声响。

11. 如何使用刀叉

基本原则是右手持刀或汤匙,左手拿叉。若有两把以上,应由最外面的一把依次向内取用。刀叉的拿法是轻握尾端,食指按在柄上。汤匙则用握笔的方式拿即可。如果感觉不方便,可以换右手拿叉,但更换频繁则显得粗野。吃体积较大的蔬菜时,可用刀叉来折叠、分切。较软的食物可放在叉子平面上,用刀整理一下。

12. 稍做休息时,刀叉的摆法

如果吃到一半想放下刀叉略做休息,应把刀叉以八字形状摆在盘子中央。若刀叉突出到盘子外面,不安全也不好看。边说话边挥舞刀叉是失礼的举动。用餐后,将刀叉摆成四点钟方向即可。

13. 交谈

无论是主人、陪客或宾客,都应与同桌的人交谈,特别是左右邻座。不要只同几个熟人或只同一两人说话。邻座如不相识,可先自我介绍。

14. **纪念物品**

有的主人为每位出席者备有小纪念品或一朵鲜花。宴会结束时，主人招呼客人带上。遇此，可说一两句赞扬小礼品的话，但不必郑重表示感谢。外国访问者往往把宴会菜单作为纪念品带走，有时还请同席者在菜单上签名留念。除主人特别示意作为纪念品的东西外，各种招待用品，包括糖果、水果、香烟等，都不要拿走。

15. **遇到意外情况**

宴会进行中，由于不慎发生异常情况，如用力过猛，使刀叉撞击盘子，发出声响，或餐具摔落地上，或打翻酒水等，应沉着冷静。餐具碰出声音，可轻轻向邻座（或向主人）说一声"对不起"。餐具掉落可由招待员再送一件。酒水打翻溅到邻座身上，应表示歉意，协助擦干；如对方是妇女，只要把干净餐巾或手帕递上即可，由她自己擦干。

16. **致谢**

有时在出席私人宴请活动之后，往往致以便函或名片表示感谢。

第八节　舞会礼仪

舞会，一般是指以参加者自愿相邀共舞为主要活动项目的一种文娱性社交聚会。

舞会的基本特征是在优美的乐曲、美妙的灯光、高雅的舞姿的相互衬托下，人们不仅可以从容自在地获得自我放松，恰到好处地展示自己的个人修养，而且还可以联络老朋友、结识新朋友，进一步扩大自己的社交圈，所以亦称交谊舞会。

一、舞会的组织

1. **举办时间**

正常情况下，舞会最适合举行于傍晚，并以不超过午夜为好。其最佳的时长，通常被认为是 2 ~ 4 小时。

2. **场地的选择**

举办地点应考虑实际档次、安全状况、交通条件、配套设施、所需费用。选择舞池应考虑：一是面积的大小，一般跳舞的人数与面积大致呈正比，人均一平方米为最佳。二是地面状况，平整而干净。三是灯光设置，柔和之中有所变化。四是音响效果，传声效果良好，音量柔和悦耳。五是休息用具，有足够数量的桌子和椅子供舞者休息。

3. **曲目**

（1）曲目选择上要从众。即选择众人所熟悉的节奏鲜明、清晰的，旋律优美、动听的，易于伴舞的曲目。

(2)在风格上交错。曲目的安排有快有慢,彼此交错,节奏上有张有弛。

(3)在数目上适量。

(4)在习惯上依例。遵守约定俗成的惯例,如以《一路平安》等作为最后一支舞曲,宣布舞会到此结束。

(5)在演奏上审慎。

二、舞场的表现

舞场上要注意个人妆饰、邀人共舞、拒绝邀请、舞姿、舞场交际五个方面的基本问题。

(一)个人妆饰

注意与舞会主题相呼应。

(1)仪容。

(2)化妆。

(3)服装。

(二)邀人共舞

1. 基本规范

宜邀请异性:男士邀请女士,女士可以拒绝;女士邀请男士,男士不可以拒绝。忌讳邀请同性:两位男士跳舞,给人以关系非同寻常之感。

2. 邀请方式

邀请他人跳舞应当文明、礼貌、大方、自然。不要勉强对方,不要出言不逊,不要与他人争抢舞伴,讲究先来后到。邀请舞伴时有直接和间接两种方式。

3. 选择舞伴

选择下面八类对象较为合适。

一是年龄相仿之人。

二是身高相当之人。

三是气质相似之人。

四是舞技相近之人。

五是少人邀请之人。

六是未带舞伴之人。

七是希望结识之人。

八是打算联络之人。

4. 邀请顺序

与和自己一起来的同伴跳开始曲、结束曲。

主人方面:舞会上的第二支舞曲开始,男主人应当前去邀请男主宾的女伴跳舞,而男主宾则应回请女主人共舞。

男主人须依次邀请在礼宾序列上排位第二、第三……的男士的女伴各跳一支舞曲,而那些被男主人依照礼宾序列相邀共舞的女士的男伴,则应同时回请女主人共舞。

来宾方面:下列女士男宾都应当依礼相邀共舞一曲。一是舞会的女主人;二是被介绍相识的女士;三是遇到的女性故旧;四是坐在自己身旁的女士。上述女士若被男宾相邀后,与其同来的男伴则最好回请该男宾的女伴一次。

(三)拒绝邀请

一般情况下,在舞会上受到邀请时,通常不宜拒绝对方。因为别人邀请自己跳舞,实际上是尊重自己。万一非要回绝他人的邀请,则要注意态度和措辞,切勿伤害对方的自尊心。

托词可以有以下几方面。

(1)“已经有人邀请我了”。

(2)“我累了,需要单独休息一会儿”。

(3)“我不会跳这种舞”。

(4)“我不喜欢跳这种舞”。

(5)“我不熟悉这首舞曲”。

(6)“我不喜欢这首舞曲”。

(四)舞姿

1. 标准的舞姿

一是男女之间的合作。步入舞池时,须“女先男后”,由女士选择跳舞的具体方位。而在跳舞的具体过程中进行合作时,则通常讲究“男先女后”,应由男士带领在先,女士配合于后。一曲舞毕,在一般情况下,男士应当将自己所邀请的女士送回其原来的休息之处,道谢告别之后,才能再去邀请其他女士。

二是运步时的方向。在跳舞时,每个人都要认真掌握自己的运步方向。在变换各种方向时,均应以自己左脚或右脚的前脚掌为轴心进行转动。跳舞时所有人的行进方向,都必须按照逆时针方向进行,唯有如此,方能确保舞池的正常秩序,不至于出现跳舞者相互碰撞拥挤的状况。

2. 文明的表现

一是举止得体。

二是保持间距。

三是勿生事端。

(五)舞场交际

(1)宾主之间的交际。

(2)旧交之间的交际。

(3)初识之人的交际。

第九节　电话礼仪

一、打出电话的礼仪

1. 选择恰当的通话时间

除特殊情况外,公事最好在上班时间打电话,即使是私人电话也应该避开用餐、睡眠和休息时间,如22：00至次日8：00,最好不要打电话。午休时间、节假日也不宜打电话。最佳通话时间是双方约定的时间和对方方便的时间。

拨打国际电话时,一定要注意时差,不要打扰对方的休息。

2. 注意通话时间的长短

通话有一个三分钟原则,即每次通话一般不要超过三分钟,一般是宁短勿长。

3. 通话目的明确

打电话要明确通话目的,以使拨通电话后能迅速而有条理地说出所要谈的事情。切忌漫无目的地东拉西扯,给人拖沓、低效的印象。

4. 安排通话内容

先把通话要点告诉对方,然后再详细说明内容。

5. 要保持良好的心情

打电话时要保持良好的心情,这样即使对方看不见你,也会被你欢快的语调感染,对你留下极佳的印象。

6. 端正的姿态与清晰明朗的声音

打电话过程中不能吸烟、喝茶、吃零食,即使是懒散的姿势对方也能够"听"得出来。

7. 适时结束电话

按照礼仪规范,通常由身份、地位较高的一方终止通话。

8. 挂断电话时注意使用礼貌用语

挂断电话前,要说一些表示礼貌、友好的话,如"打扰您了""谢谢您的指教"等。应有明确的结束语,说一声"谢谢""再见",再轻轻挂上电话。

二、接听电话的礼仪

电话铃声一响,应该在第三声以内拿起电话,两声最佳。如果电话铃声响过多次才接起,容易使打电话的人产生不良印象,甚至会影响所属单位的形象。

1. 问候

接起电话后应说:“您好,这里是××。”也可以说:“早上好,我是××。”而不能拿起电话就说:“喂,你是谁?”

2. 使用使对方愉快的词语

与来电者交谈应用清晰的话语、悦耳的语调,用谦恭、友善的语气,让人听起来轻松、愉快。可以接起电话向对方问好后,接着说:“接您的电话真高兴,我能为您做什么吗?”对方一接通电话,就能听到亲切的招呼声,心里一定会感到很愉快,能使双方对话顺利展开。

3. 转接电话及留言

(1)接听电话时对方所要找的人不在,来电者要留言时,要牢记“5W1H”技巧,即When(何时)、Who(何人)、Where(何地)、What(何事)、Why(为什么)、How(怎么样),以便记清来电内容,完整转告。

(2)对方所要找的人就在附近,应立即去找,不要拖延。

(3)若对方要找的人不在,自己无法处理,应委婉地探求对方来电目的,认真记录下来,这样不但不误事且能赢得对方的好感。

(4)不是万不得已,不要把自己代人转达的内容再托他人转达。

4. 接打电话“六注意”

(1)对待拨错号的情况要友好应对。

(2)主动向对方通报本人姓名和所属单位名称。

(3)请对方回电话要留下自己的电话号码。

(4)认真倾听对方的谈话内容。

(5)自己有事时接到来电要向通话一方介绍自己所处的通话场所、通话时在场人员等。

(6)适时结束通话,一般是主叫方先挂。

打电话时使用礼貌语言,能取得更好的沟通效果。如:您好,我是××;请稍等;对不起,请问您是哪一位;拜托您了;对不起,让您久等了;等等。

第三章　人际交往与人才发展

第一节　人际交往的概述

社会学将人际关系定义为人们在生产或生活活动过程中所建立的一种社会关系。心理学将人际关系定义为人与人在交往中建立的直接的心理上的联系。常指人与人交往关系的总称,也被称为“人际交往”,包括亲属关系、朋友关系、学友(同学)关系、师生关系、雇佣关系、战友关系、同事及领导与被领导关系等。

第二节　人际交往的功能

1. 获得信息功能

良好的人际交往,能让我们以各种方式迅速地获得并掌握更多的社会信息,比之于书本获得信息其特点是内容更广泛、渠道更直接等。

2. 自知功能

自知之明,即有成熟的自我意识。人的自我意识并不是自然成熟的,而是通过交往,在与别人的相互作用中逐渐成熟起来的。人生的许多经验,就是在人际交往过程中积累和丰富起来的。正确的自我认识,有助于找到自己的社会位置,扮演好自己的社会角色。

3. 自我表现功能

只有扩大交往范围,在更大的范围内表现自己,别人才可以了解你的为人、你的性格、你的学识和你的才能。

4. 社会化功能

人际交往是社会发展的必然产物,也是社会发展的基本前提。获得成功的前提,就是要善于与人合作,在与家人、同伴的交往中,积累社会生活经验,学到社会生活所必需的知识、技能、态度、伦理道德规范等,逐步摆脱以自我为中心的倾向,意识到集体和社会的存在,意识到自我在社会中的地位和责任,学会与人平等相处和竞争,养成遵守法律及道德规范的习惯,从而自立于社会,取得社会认可,成为一个成熟的、社会化的人。

5. 身心保健功能

人作为一个社会成员,有着强烈的合群需要。通过相互交往,诉说个人的喜怒哀乐、爱憎恐悲,就会引起彼此间的情感共鸣,从而在心理上产生一种归属感和安全感。

第三节　人际交往的“秘诀”

1. **感情愉悦**

大家彼此喜欢和对方交往,并能从交往的过程中有所收获,交往就会良性循环下去。如果交往变成了负担,变成了没有意义的、纯粹是浪费时间的活动,那这样的交往不会长久。

2. **价值观相似**

交往的过程中,彼此的价值观相似,不仅可以互相支持和产生共鸣,而且可以预测对方的行为倾向,这样,双方就比较容易适应。相似的价值观到了交往的后期会起很大的作用,很多人因为价值观的分歧而最后分道扬镳。

3. **慎重给人提建议**

人际交往过程中,最大的危险是在别人没有征求意见的时候给其提建议,有些人会拒绝采纳建议,无论这些建议有多好,或者你的初衷有多高尚,如果你坚持这样做,你和他人之间的关系就会受到影响。

4. **善于倾听**

这一点是很关键的,在与别人交流的时候,仔细认真地听别人说话,你就能够很准确地理解和领会别人想要表达的思想,以及说话的目的。通过研判对方的话语,你就能够准确地表达自己的思想,表达自己的观点,能够很好地与人交流和沟通,达到事半功倍的效果。

5. **换位思考**

做什么事都要换位思考,遇到事情时,不妨站在对方的角度去思考问题,从对方的立场出发,想想我们这样做对方会如何想,以及由此引发的后果,这样我们就能够想清楚,把事情做到最佳,养成这样的思维习惯,在处理很多问题上,就能轻松自如,恰到好处。

第四节　人际交往的技巧

一、巧妙地了解人和人性

在日常的生活和工作中,我们内心或许时常会产生一种孤寂、渺小、自卑、困惑的感觉。是什么原因造成这种不良的心理反应呢?一言以蔽之,问题就在于我们没有和他人进行有效的沟通。可以说,无论我们在做什么,或者想做什么,要想获得成功,必须学会善于与人沟通。一个有抱负的人,想在工作中游刃有余、大展宏图,就得善于和上司、下属、同事进行有效的沟通,才能打通自己的成功之路。年轻人谈恋爱,也得学会把握住对方特殊的心理,才能机敏地跨入对方的情感世界中去。因此，沟通永远是人们在生活和事业中应该掌握的首要才能。从某种意义来讲，它是我们获取财富、快乐、幸福和健康的最重要的手段和策略。俗话说，两军相遇智者胜。千智万智又以攻心为上。我们应该牢记，打通人心的策略，不仅是靠理性的逻辑力量，而且在很大程度上依赖于一个人的情商智术。只要用心去做，其结果往往出人意料、事半功倍。

在我们掌握成功交往技巧之前，首先要了解人和人性。

人和人性可以简单地理解为——必须按照人的本质去认同他们，要设身处地地认同他人，而不要用自己的眼光去看待他人，更不能将自己的意愿强加给他人。人们到底是什么样的呢？人首先是对自己感兴趣，而不是对其他事物感兴趣！换句话说，一个人关注自己胜过关注别人或别的事物一万倍。谁都是这样的，包括你，你对自己的兴趣胜过对世界上任何一个人。这就是人的本性。“人本性上最关心的是自己”这一常识是你与其他人交往的基础，我们最好的做法是，认可它，尊重它，并且巧妙利用它。它能给予你和他人交往的智慧和技巧，它能使你掌握人生的真谛，它能让你拥有更多的朋友，它能使你把握住成功的秘诀。

二、巧妙地与他人交谈

一次成功的交谈不仅取决于交谈的内容，而且更多的是取决于交谈者的神态、语气和动作等。同样的一句话，用不同的语调说出会有不同的效果。所以我们在交谈的时候要表示自己的友善之心，不要盛气凌人。同时，不要没完没了地说个不停，应给别人说话的机会。不能随便打断别人的谈话，忽视别人的感觉。当你与别人交谈时，请选择他们最感兴趣的话题。当你与他们谈及他们感兴趣的话题时，他们就会兴致勃勃、激情昂扬，他们对你的好感也就油然而生了。

三、巧妙地令他人觉得自身重要

人的一个最普遍的特征就是渴望被承认，渴望被了解。你愿意在人际关系中如鱼得水吗？那么，请尽量使他人意识到自身的重要性。请记住，你越使别人觉得自己重要，别人对你的回报就越多，而你在他心中也会变得重要。例如：“张先生，我们很需要您的帮助，依您的经验和能力，这个计划肯定能提早成功。”又如：“陈女士，昨天的晚会您怎么没参加？晚会上少了您，真是太遗憾了。”每个人都渴望自己能成为一个重要人物。没有人愿意自己被认为是可有可无的，谁都不愿意被别人忽视或否定。

别人看待他自己，跟你看待你自己一样重要。这一特征的有效运用是成功的人际交往的基石之一。那么，现在就让我们了解一下，怎样使人觉得自己重要吧。

(1)尽量使用这些词——“您”或“您的”而不是“我”“我自己,我的”。

(2)一定要聆听别人的讲话,如果你拒绝聆听别人的讲话,就会使对方深深地感到自己并不重要,认为自己的确是可有可无的;而如若你细心、诚恳地聆听别人的讲话,则会使他们觉得自己非常重要。

(3)关心他们的家人。适时地表现出关心他们的家人,也有利于你很快地与他们成为好朋友。

(4)尽可能经常地使用他们的姓名和照片。要多以姓名称呼他们,而不要忘记了他们的姓名。如果有机会,还可以使用他们的照片,这将会使他们觉得你很亲切,并且将会使他们非常喜欢你。

(5)在回答他们的问题之前,请稍加停顿。因为短暂的停顿会使他们感觉到你认真地聆听和思索了他们所提的问题,肯定了他们的问题是值得思考的。

(6)礼貌地对待那些等待见你的人。如果要见你的人等待了一段时间才见到你,当你见到等你的人时,可以这样说:“对不起,让您久等了。”这些简单礼貌的话语,往往会让那些等你的人,心里感到十分温暖。这是重视别人的一部分。

(7)关注每一个人。不要只是关注领导者、发言人、有权威的人或值得你关注的人,因为孤雁难成群。

四、巧妙地赞同别人

巧妙地处理人际关系,最重要的一点,就是掌握“赞同别人”这一艺术。那么,怎样运用“赞同别人”这一艺术呢?

1. 学会赞同和认可

在自己的头脑中一定要形成一种态度,一个思维框架,即一种赞同的态度,培养一种赞同的性格,成为一个自然而然地赞同别人和认可别人的人。

2. 当你赞同别人时,一定要说出来

当他们值得赞扬时,就及时地赞扬他们,让他们高兴。如果你仅仅用暗示让人知道你在赞同他们是远远不够的。不妨试着这样去做,如:“您的公关策划能力是大家都知道的,这件事情一定会办得很出色。”点头说“是的”,或注视着对方的眼睛说“我同意您的说法”或“您说得很对,我完全赞同”“我认为您的看法很好”等。要让他们知道你在赞同和认可他们。

3. 当你不赞同别人时,请不要轻易否定别人

即使别人不能让你赞同,也不要轻易表示反对,如果这样你会很快与人形成矛盾,所以,请不要轻易否定别人,除非不得不这样做时。

4. 当你犯错误时,要敢于承认

一般人通常在犯了错误的情况下会说谎,会否认或狡辩,但无论何时如果你犯错误了,一定要勇敢地说“我错了,请原谅”“对不起,这是我的失误”等。承认错误是需要很大勇气的,但人们一定会对一个勇于承认错误的人刮目相看,人们也会认可或谅解你的做法,从而提高你的形象。

5. 避免与人争论

人际交往中最忌讳的就是与人争论。因为没有人能从争论中获胜,也没有人会从争论中赢得朋友。即使你是对的,也不要争论,这不是解决问题的最好办法。请你务必记住这一点。

6. 正确处理冲突

好斗者只想做一件事——斗下去。而对付他们的最好方法是拒绝与之争斗。这样,不仅提高了自己的身份,显示了自己的不凡气度,而且使那些好斗者变得慌乱无措,气得七窍生烟,并且显得愚蠢可笑。

解决冲突的主要策略有:

(1)回避、冷处理。

(2)迁就、忍让。

(3)折中、妥协。

(4)合作、协同。

五、巧妙地聆听

聆听也是一门艺术。聆听需要我们耐心地倾听,同时要做出适当的回应。别人讲话时应当注意集中精神、表情自然,经常与对方交流目光,适当地点头,或是用微笑来表示你很乐意倾听。这样,别人才更有信心继续讲下去。如有疑问,我们也可以提出一些富有启发性的问题,这样,对方会感到你对他的讲话内容很重视。那么,怎样运用"聆听"这一艺术呢?

(一)注意对象

交谈对象不同,决定交谈的内容、方式也不同。和性格豪放的人交谈,可以知无不言,直话直说;不能过于含蓄,甚至吞吞吐吐。与性格内向的人交谈,就要注意谈话严谨,言简意赅;不能过于爽直,甚至无所顾忌。与长辈、上级、客人交谈,要谦恭、稳重;与同事、朋友、下属交谈,则可以轻松、自由一些。

(二)注意场合

交谈要注意场合。场合不同,交谈的内容和方式也有所区别。首先是"谈什么"的问题。不同的场合,交谈的内容是不一样的,比如,喜庆的场合,要挑一些喜庆热烈的话题,不能说一些伤感的话,那样就会大煞风景。正式的场合,只能用较为严肃的谈话方式;而一些非正式场合,则可以用比较轻松的谈话方式。

(三)注意态度

坦诚、平等、认真、有礼是交谈所必须具备的态度。真诚坦率，能够增加信任度和亲切感，拉近双方距离，加深了解。平等待人，就是尊重对方，不卑不亢，这样才能促膝而谈，进行心灵的交流和沟通，容易使交谈成功。认真对待，集中精神,能够给人信任，也是对对方的尊重。否则就会给人一种敷衍塞责的印象。有礼有节，讲究交谈中的礼貌,注意尊重别人、遵守礼仪规范。既不喋喋不休，也不一言不发；既不能目空一切，也不要过分谦虚；既不固执刻板，也不尖酸刻薄。

(四)注意忌讳

尽管有些交谈可以畅所欲言，无所不谈,但是，作为社交场合和公务活动，交谈还是应该有所顾忌的。一般来说，要根据交谈对象，顾及其民族、性别及风俗习惯、文化背景等。一般不涉及个人隐私、疾病、生理缺陷等，对别人不愿谈及或容易引起悲伤的事情，要尽力回避。不能涉及保密范围的话题，也不要随便议论上级、长者及名人，更不能对名人的隐私绯闻津津乐道。一旦无意涉及忌讳话题，要及时道歉，并请求原谅。聆听越多,你就会变得越智慧,你掌握的信息也就越多,就会被更多的人喜爱和接受,就会成为更好的谈话伙伴。

(五)目光接触

目光接触是人际交往时最能传神的非言语交往。在交流中,听者应该注视对方,用虔诚的目光看着对方的双眉间,让他感知你的虔诚和关注,赢得他的赞许,获得他的信任。“眉目传情”“暗送秋波”等成语形象说明了目光在人们情感交流中的重要作用。

(六)靠近说话者,身体前倾,专心致志

一定要让人感觉到你对他所说内容的渴求,不愿漏掉任何一个字。让说话者觉得你在聚精会神、专心致志地听。在与人交谈时,千万不要大大咧咧,摆出无所谓的样子。

(七)不要打断说话者的话题

无论你多么渴望一个新的话题,多么想发表自己的见解,都不要去打断说话者的话题,你要默默地将想说的话记在心中,直到说话者自己结束为止,再发表自己的见解。

(八)巧妙、恰如其分地提问

提问一定要巧妙,恰到好处,切忌盲目或过多地提问。在允许的情况下,精炼、简短的提问会使说话者知道你在认真仔细地听。如:“后来怎么样呢?”“您的结论是……”。

六、巧妙地影响别人

促使人们按照你的意愿去做事情的第一步，是找出促使他们这样做的原因，即他们想要什么、什么会使他们感动。每个人都是独特的，各自的喜好不同，对事物的看法也不同。千万别误认为，你喜欢什么别人也喜欢什么。你追求什么别人也追求什么。而要学会寻找他们所喜欢、他们所追求的东西。和别人谈话，只要能找准话题并谈出他们所想听的内容，他们就会感动。你只需简单地向他们说明，只要他们做了你要求他们做的事情后，便可从中获得他们所想要的东西。这是一个影响他人的巨大诀窍。这意味着用你的话去击中目标。当然，你必须知道目标在哪里。把这一原则运用于实际生活中。假如你是一家公司的经理，正想寻找一位财务人员，但你又清楚几家公司都想聘请他。运用以上原则："了解人们所想"，你首先应判断这位财务人员所渴望获得什么，并竭力地吸引他。如果你发现他需要一个较高职位，你就应向他表示你能为他提供一个高职位；如果他寻求安定，那么你就跟他讲安定；如果他注意进一步深造，你就和他讲这个话题。又如：你想将一名优秀的推销员招聘进自己公司，而这位推销员又很看重优厚的待遇。你可以这样讲："一流的推销员应该有一流的收入，而一流的收入又得依托一流的产品和销售政策。我们的产品、销售政策以及面对的巨大消费市场，会使你的个人收入在一年内翻一番，也就是说，你在我们公司的年收入应该是……我们公司很重视发挥推销员的才华，能为你提供生活与工作方面的优越条件。"归根结底，你应发现别人所想的东西，然后告诉他们按你的意愿去做便可达到目的。

当你知道了他们需要什么，便可以与其进行顺利的沟通。但了解他人所想并不容易，必须多询问，多观察，多聆听，还要加上自己的不懈努力。这样你就会真正了解别人所想，也就掌握了影响别人的妙法。请你努力成为一个有影响力的人吧，只要你在与他人明确而坦诚的交谈过程中使他人说出心中所想，在此基础上你想影响别人，就会变成一件很容易的事。

七、"三 A"法则

美国学者布吉林教授等人，曾经提出一条在人际交往中成为受欢迎的人的"三 A"法则。

第一个 A(Accept)：接受对方。

第二个 A(Appreciate)：重视对方。

第三个 A(Admire)：赞美对方。

八、衣着

人的衣着也在传播信息并与对方沟通。意大利影星索菲亚·罗兰说:“你的衣服往往表明你是哪一类型,它代表你的个性,一个与你会面的人往往自觉地根据你的衣着来判断你的为人。”衣着本身是不会说话的,但人们常在特定的情境中以穿某种衣着来表达心中的思想和建议要求。

九、体势

达·芬奇曾说过,精神应该通过姿势和四肢的运动来表现。同样,人际交往中,人们的一举一动都能体现特定的态度,表达特定的含义。身体的放松是一种信息传播行为。向后倾斜 15 度以上是极其放松。人的思想感情会从体势中反映出来,略微倾向于对方,表示热情和兴趣;微微起身,表示谦恭有礼;身体后仰,显得若无其事和轻慢;侧转身子,表示嫌恶和轻蔑;背朝人家,表示不屑理睬;拂袖离去,则是拒绝交往的表示。

十、声调

有一次,意大利著名悲剧影星罗西应邀参加一个欢迎外宾的宴会。会间,许多客人要求他表演一段悲剧,于是他用意大利语念了一段“台词”,尽管客人听不懂他的“台词”内容,然而他那动情的声调和表情,凄凉悲怆,不由使大家流下同情的泪水。可一位意大利人却忍俊不禁,跑出会场大笑不止。原来,这位悲剧明星念的根本不是什么台词,而是宴会上的菜单。恰当且自然地运用声调,是顺利交往的条件。一般情况下,柔和的声调表示坦率和友善,在激动时自然会有颤抖,表示同情时略为低沉。不管说什么,阴阳怪气的,就显得冷嘲热讽;用鼻音哼声往往会表现出傲慢、冷漠、恼怒和鄙视,是缺乏诚意的,会引人不快。

十一、礼物

礼物的真正价值是不能以经济价值衡量的,其价值在于沟通了人们之间的友好情意。当你生日时收到一束鲜花,你会感到很高兴。与其说是花的清香,不如说是鲜花所带来的祝福和友情的温馨使你陶醉。在大多数场合,不一定是贵重的礼物会使受礼者高兴。相反,可能因为过于贵重,反而使受礼者觉得过意不去,倒不如送点富于感情的礼物,更会使对方欣然接受。

十二、时间

在一些重要的场合,重要人物往往姗姗来迟,等待众人迎接。然而,以迟到来抬高身份,毕竟不是一种公平的交往,这常会引起对方的不满而影响彼此之间的合作与交往。赴会一定要准时，如果对方约你 7 时见面，你准时或提前片刻到达，体现交往的诚意。如果你 8 点钟才到，尽管你口头上表示抱歉，也必然会使对方不悦，对方会认为你不尊重他，无形之中为下一步交往设下障碍。

十三、微笑

微笑是人人皆会流露的亲切友好最具美感的礼貌表情，不仅为日常生活及其社交活动增光添彩，而且在生活中也有无限的潜在价值。它既是一种感情，也是一种品格，还是一种技巧，它可以化为巨大能源和物资。微笑礼仪是社会文明进步的体现，人类需要用笑容来点缀生活，“你所遇到的每个人都是值得你微笑相对的”，微微一笑，双方都从发自内心的微笑中获得这样的信息：“我是你的朋友。”微笑虽然无声，但是它说出了如下许多意思：高兴、欢悦、同意、尊敬。微笑来自快乐，它带来的快乐也创造快乐。微笑一下，增加信任，拉近距离。

第五节　人际交往中易犯的十大错误

沟通顺畅，办事也会非常顺利；可若出言不当，则可能埋下心结。以下是交往中容易犯的错误。

（1）不做自我介绍。无论何种场合，相互认识是进一步交流的前提。主动自我介绍是避免尴尬的关键点之一。

（2）接电话时不回避。在公共场合，大声打电话会特别显眼甚至招人厌恶。如不慎声音大了，最好先道歉并把音量放小声点，这是避免他人反感的法宝。

（3）夸夸其谈、自吹自擂。聊天过程中有意无意地把话题往自己身上引，往往给人以自恋、爱显摆的印象，给人留下不好的印象。

（4）对待服务员态度粗暴。态度是良好沟通的前提，无论他人是什么身份，粗暴的态度、自以为是的神情，只会让人觉得你这个人不可理喻。

（5）总是迟到。每个人都希望被尊重，迟到虽然能找借口蒙混过关，但会让对方觉得你不重视这段关系。次数一多，感情也会打折扣。

（6）不让座。让座给更需要的人是最基本的人性表现。如果光想着让自己舒服一点，会在不知不觉中，给人留下自私、冷漠的印象。

（7）争账单。出手大方会让人觉得你很热情，但没必要争抢到底。有人建议 AA 制时，不要你争我抢、争得面红耳赤，否则下一次大家可能不敢与你在一起娱乐了。

（8）占用公共设施。比如在公园占着健身器械当椅子坐、随处放东西等，这些小小的动作，只会惹人反感。

（9）双手抱胸前。说话时双手抱于胸前，会让人感觉你对他人是有防备的、想拒绝他，让人觉得不被信任。

（10）小动作太多。说话时总是敲手指头、挖耳朵、玩指甲等，会让人感觉你心不在焉。

第六节　人际交往的心理效应

一、首因效应

在人际交往中，我们会很重视开始接触到的信息（包括容貌、语言、神态等），至于后面的信息就显得不是那么重要了，这种心理称之为首因效应。首因效应启迪我们一方面要给他人留下良好的第一印象，另一方面又要在以后的交往中纠正对他人第一印象的不全面的认识。

二、近因效应

近因效应是指一次交往的印象对我们的认识所产生的影响。一次交往留下的印象，往往是最深刻的印象。一般而言，熟人之间的交往近因效应会发挥较大的作用，因此我们平时应该注意给人留下良好的印象。

三、光环效应

光环效应又称晕轮效应，是指在交往的过程中，我们往往会从对方的某个优点而泛化到其他有关的方面，由不全面的信息而形成完整的印象。光环效应往往对恋爱的双方起更明显的作用，正所谓“情人眼里出西施”。

四、投射效应

投射效应是指在交往的过程中，我们总是假设他人和自己有相同的倾向，即把自己的特性投射到他人身上，从而形成对他人的印象。有时候，我们对他人的猜测，无形中透露的正是自己。

五、刻板效应

刻板效应是社会上对于某一类事物或人物的一种比较固定、概括而笼统的看法。在人际交往中，我们有时会把对某一类人物的整体看法强加到该类的每一个个体上而忽视了个体特征。刻板效应有利于总体评价，但对个体评价会产生偏差。比如，农村来的同学认为城市来的同学见识广，而城市来的同学认为农村来的同学见识狭隘。

第七节　人际交往的心态

1. 怯懦心理

怯懦心理主要见于涉世不深、阅历较浅、性格内向、不善言辞的人，由于怯懦，在社交中即使自己认为正确的事，经过深思熟虑之后，也不敢表达出来。这种心理别人也能观察出来，可能会使他人对自己产生看法。

2. 自卑心理

有些人容易产生自卑感，甚至自己瞧不起自己，缺乏自信，办事无胆量，畏首畏尾，随声附和，没有自己的主见。这种心理如不克服，会磨损人的个性。

3. 猜疑心理

有些人在社交中往往爱用不信任的目光审视对方，无端猜疑，捕风捉影，说三道四，如有些人托朋友办事，却又向其他人打听朋友办事时说了些什么，结果影响了朋友之间的关系。

4. 逆反心理

有些人总爱与别人抬杠，以说明自己标新立异，对任何一件事情，不管是非曲直，你说好，我就认为坏；你说对，我就说它错，使别人对自己产生反感。

5. 做戏心理

有的人把交朋友当作逢场作戏，见异思迁，处处应付，爱吹牛，爱说漂亮话，与某人见过一面，就会说与某人交往有多深。这种人与人的交往只是做表面文章，因而没有感情深厚的朋友。

6. 冷漠心理

有些人对与己无关的事情就冷漠看待、不闻不问，或者错误地认为言语尖刻、态度孤傲，就是“有个性”，致使别人不敢接近自己，从而失去一些朋友。

7. 贪财心理

有的人认为交朋友的目的就是为了“互相利用”，见到对自己有用、能给自己带来好处的朋友才交往，而且常常“过河拆桥”。

第八节　如何改善人际关系

人际关系是我们生活中的一个重要组成部分，学会沟通，建立信任，宽容待人，形成长期良好的人际关系是我们必须要学好的功课之一。

一个人是否合群，是否受到别人的欢迎，首先是由个人的人格魅力决定的。“物以类聚，人以群分”，人们总是喜欢和自己有共同的生活态度和追求的人相处，虽然一个人的生活态度无法迎合所有人的要求，但总体来说，对于勤奋、上进、热心、正直等这些优点，是所有人都渴望的，所以努力地提升自己，使自己先喜欢自己，成为一个散发友爱和正能量的人是我们改善人际关系的第一步。具体来说，可以从以下几个方面改进。

第一，要确立信心，摆正位置，寻找自我，正确评价自己，不可盛气凌人，也不可妄自菲薄，不可没有自尊心，也不能被自卑感压倒。应该谦虚谨慎、不卑不亢地与人交往。在性格塑造方面，可以做以下努力：要使自己让人喜爱，乐观积极，遇上烦恼时不妨假设正处在快乐逍遥的状态，久而久之，自然可养成乐天的性格；还要尽量利用空闲时间做自己喜爱做的事，参加不同的活动，这样可以扩大交际圈子，增长见识。

第二，要注意良好表达能力的培养。社交中受人欢迎、具有魅力的人，一定是掌握社交口才技巧的人。社交口才的基本技巧表现在适时、适量、适度三个方面。应积极参加演讲、对话和辩论活动。珍惜当众发表见解的机会，临场经验多了，口才也自然会好起来。另外，学生在课堂讨论或分组讨论的活动中，应踊跃发言，不要放弃锻炼的机会，只要持之以恒，刻苦训练，我们的口头表达能力一定会增强的。口头表达能力强，走上社会也是一种竞争力。还要注意融合于社会，即需要调整自己的观念，勇敢地面对世界、接纳世界。当然接纳世界并不是要你消极等待和向困难屈服，更不是要你没有任何原则地去苟同消极落后的东西，甚至同流合污，而是要你用积极主动的态度去接纳现实，并有勇气和决心去消除生活中的消极现象，弘扬主旋律，尽一份当代大学生应尽的责任。当然融合于社会并不只是简单地体现在能否接纳世界、认同世界方面，它还是一个人综合素质的反映。融合于社会的能力的强弱是与一个人的思想品德、知识技能、活动能力、创造能力、处理人际关系能力以及健康状况等密切相连的。由是观之，与人融合，并非深不可测。一句真诚的话语，一次放松的谈心，一个会意的笑容或眼神，都可以换来健康、乐观、平和的心境，营造出宽松和谐的人际空间。关键是，我们有没有不断学习、不断提高这方面能力的意识，还有就是注意解决问题能力的培养。处理日常学习和生活中的各种问题，是我们最重要的责任。但是，当问题接踵而来，而且复杂度不断升高的同时，如何系统地找出问题的成因，对症下药，以最有效率的方式解决问题，就是考验我们解决问题能力的时候了。

第三，要扩大自身的信息量，多读书，多看报，关心世界大事、国家大事，开阔视野，使自己和别人有话题可谈，成为一个立体充实的人；还要注重丰富自己的业余生活，如打球、练书法、下棋等，提升自己的修养，在这些活动中也可以增加交往，潜移默化地改变自己的性格，吸引更多的朋友关注自己。

第四，不要要求自己十全十美。人无完人，保持良好的心态才可以生活愉快，在与人相处中也是如此。正确地对待自己的优点和缺点，在与人相处中扬长避短，发挥自己的优势，而且在别人的身上发掘闪光点弥补自己的不足也是一件值得称道的事情，学会细致分析，人际交往能力与社交经验的关系如此密切，如果可以提高自己的人际交往能力，我们的日常社交生活也会得到改善。我们不仅可以减少与别人发生冲突，亦可以令自己获得更愉快的交往经验。

第四章　团队协作与人才成长

第一节　团队的概述

（一）团队概念

团队（Team）是由基层和管理层人员组成的一个共同体，它合理利用每一个成员的知识和技能协同工作，解决问题，达到共同的目标。

团队和群体的区别：群体可能是有共同的目的但缺乏协作性没有凝聚力的人群。

（二）团队构成要素

团队有几个重要的构成要素，总结为“5P”。

1. 目标（Purpose）

团队应该有一个既定的目标，要知道去向何处，没有目标的团队就没有存在的价值。

自然界中有一种昆虫很喜欢吃三叶草（也叫鸡公叶），这种昆虫在吃食物的时候都是成群结队的，第一个趴在第二个的身上，第二个趴在第三个的身上，由一只昆虫带队去寻找食物，这些昆虫连接起来就像一节一节的车厢。管理学家做了一个实验，把这些像火车厢一样的昆虫连在一起，组成一个圆圈，然后在圆圈中放了它们喜欢吃的三叶草。结果它们爬得精疲力竭也吃不到这些草。这个例子说明团队失去目标后，团队成员就不知道去向何处。此外还可以把大目标分成小目标，具体分到各个成员身上，大家合力实现这个共同的目标。同时，目标还应该有效地向成员传播，让团队每个成员都知道团队的目标，有时甚至可以把目标贴在团队成员的办公桌上、会议室里，以此激励所有的人为这个目标去努力。

2. 人（People）

人是团队最核心的力量，两个以上（包含两个）的人就可以构成团队。目标是通过人具体实现的，所以人的选择是团队中非常重要的一个部分。在一个团队中可能需要有人出主意，有人制订计划，有人实施，有人协调不同的人一起去工作，还有人去监督团队工作的进展，评价团队最终的贡献。通过分工不同的人共同完成团队的目标，在人的选择方面要考虑每个人的能力如何，技能是否互补，经验如何。

3. **定位**(Place)

团队的定位包含两层意思，即团队的定位和个体的定位。

团队的定位，指团队在企业中处于什么位置，由谁选择和决定团队的成员，团队最终应对谁负责，团队采取什么方式激励成员？个体的定位，指作为成员在团队中扮演什么角色，是制订计划还是具体实施或评估？

4. **权限**(Power)

团队当中领导者的权力大小跟团队的发展阶段相关，一般来说，团队越成熟领导者所拥有的权力相应越小，在团队发展的初期阶段领导权是相对比较集中的。

5. **计划**(Plan)

计划有以下两层含义。

(1)目标最终的实现，需要一系列具体的行动方案，可以把计划理解成具体工作的程序。

(2)按计划进行可以保证团队活动的进度。只有按计划操作团队才会一步一步地贴近目标，从而最终实现目标。

(三)团队的特点

(1)团队以目标为导向。

(2)团队以协作为基础。

(3)团队需要共同的规范和方法。

(4)团队成员在技术或技能上形成互补。

第二节　团队合作的重要性

团队形象举例

1. **狼**

狼是群动之族，攻击目标既定，群狼起而攻之。头狼号令之前，群狼各就其位，各司其职，嚎声起伏而互为呼应，默契配合，有序而不乱。头狼昂首一呼，则主攻者奋勇向前，佯攻者避实就虚而后动，后备者厉声而嚎以壮其威……独狼并不强大，但当狼以集体力量出现在攻击目标之前，却表现出强大的攻击力。在狼成功捕猎的众多因素中，严密有序的集体组织和高效的团队协作是其中最明显和最重要的因素。由此可见团队合作的重要性。

2. **大雁**

大雁是出色的空中旅行家。每当秋冬季节，它们就从西伯利亚一带，成群结队、浩浩荡荡地飞到我国的南方过冬。第二年春天，它们经过长途旅行，到西伯利亚产蛋繁殖。

大雁的飞行速度很快，每小时能飞 68 ~ 90 千米，每一次迁徙途中都历尽千辛万苦。但它们春天北去，秋天南往，从不失信。不管在何处繁殖，何处过冬，总是非常准时地南来北往。我国古代有很多诗句赞美它们，例如“八月初一雁门开，鸿雁南飞带霜来”，陆游的“雨霁鸡栖早，风高雁阵斜”，韦承庆的“万里人南去，三春雁北飞”。

大雁行为与启示：

（1）每只大雁拍动翅膀都会为紧随其后的大雁造成一个向上的气流，利用“V”字形的队伍，整个大雁队伍可以增加 71% 的有效飞行速度。

启示一：每个人都要忠诚于自己的团队，忠诚于自己的事业，做好自己的本职工作。如果你不拍“翅膀”，他不拍“翅膀”，这个团队还会存在吗？

（2）如果一只大雁掉队了，它马上就能感觉到独自飞行带来的阻力，它会迅速利用前面大雁的上升力，帮助自己跟上雁群。

启示二：如果我们与大雁一样聪明的话，我们就会留在与自己的事业目标一致的队伍里，而且乐意接受他人的协助，也愿意协助他人。

（3）如果领头雁累了，它会自动落到队伍中，另一只大雁马上替补领头的位置。

启示三：分担重任很重要，因为我们应该尊重和保护每个人独特的才智、技能、精力和资源。

（4）如果一只大雁生病了，会有两只大雁陪伴它下落，帮助并保护它。

启示四：如果我们也有大雁这样的意识，我们就会一如既往地站在彼此身边，不管经历何种困难，永远鼓励和帮助我们的队友！

（5）队形中的大雁会向前面的大雁鸣叫，来彼此激励并保持速度。

启示五：我们必须确定从我们背后传来的是鼓励的叫声，而不是其他的声音。个人的信心和活力来自团队及时真诚的鼓励。

第三节　如何培养团队合作精神

1. 欣赏——学会欣赏、懂得欣赏

团队的效率在于每个成员配合的默契，而这种默契来自于团队成员的互相欣赏和熟悉——欣赏长处、熟悉短处，最主要的是扬长避短。

2. 尊重——无论新人或老人

尊重没有高低之分、地位之差和资历之别，平等待人，有礼有节，既尊重他人，又尽量保持自我个性，这是团队合作能力之一——尊重的最高境界。尊重能为一个团队营造出和谐融洽的气氛，使团队资源形成最大限度的共享。

3. 宽容——让心胸更宽广

雨果曾经说过，“世界上最宽阔的是海洋，比海洋更宽阔的是天空，而比天空更宽阔的则是人的心灵”。宽容是团队合作中最好的润滑剂，它能消除分歧，使团队成员能够互敬互重、彼此包容、和谐相处，从而安心工作，体会到合作的快乐。

4. 信任——成功协作的基石

团队是一个相互协作的群体，它需要团队成员之间建立相互信任的关系。信任是合作的基石，没有信任，就没有合作。信任是一种激励，信任更是一种力量。

5. 沟通——敢于沟通、勤于沟通、善于沟通

一个人身在团队之中，良好的沟通是一种必备的能力。作为团队，成员间的沟通能力是保持团队有效沟通和旺盛生命力的必要条件；作为个体，要想在团队中获得成功，沟通是最基本的要求。

6. 负责——自信地面对一切

负责，不仅意味着对错误负责，对自己负责，更意味着对团队负责、对团队成员负责，并将这种负责精神落实到每一个工作的细节上。

7. 诚信——不容置疑

古人说：人无信则不立。诚信，是做人的基本准则，也是作为一名团队成员应具备的基本价值理念——它是高于一切的。

8. 热心——帮助身边每一块“短木板”

只有一个完全发挥作用的团队，才是一个最具竞争力的团队；而只有身处一个最具竞争力的团队之中，个体的价值才能得到最大程度的体现。

9. 团队利益，至高无上

“皮之不存，毛将焉附”，团队精神不反对个性张扬，但个性必须与团队的行动一致，要有整体意识、全局观念，要考虑整个团队的需要，并不遗余力地为整个团队的目标共同努力。

10. 超越自我的团队意识

成功的团队提供给我们的是尝试积极开展合作的机会，而我们所要做的是，在其中寻找到我们生活中真正重要的东西——乐趣——工作的乐趣，合作的乐趣。

第五章　创新思维与人才成长

第一节　创新及其重要性

一、创新

创新是指以现有的思维模式提出有别于常规或常人思路的见解为导向，利用现有的知识和物质，在特定的环境中，本着理想化需要或为满足社会需求，而改进或创造新的事物、方法、元素、路径、环境，并能获得一定有益效果的行为。创新是以新思维、新发明和新描述为特征的一种概念化过程。

1. 创新的含义

①更新。

②创造新的东西。

③改变。

2. 创新的作用

①满足人类生存与发展的客观需要。

②深化了人类对客观世界的认知。

③提高了人类对客观世界的驾驭能力。

3. 创新的类型

按照领域分类：科技创新、社会创新和人文创新。

按照主体分类：个体创新和团队创新。

按照级别分类：小级别创新、突破性创新、里程碑式创新。

4. 创新的原理

①创新是人脑的一种机能和属性——与生俱来。

②创新是人类自身的本质属性——人人皆有。

③创新可以被某种因素激活或教育培训引发而转化成无穷的创新能力。

二、创新的重要性

创新是人类特有的认识能力和实践能力，是人类主观能动性的高级表现形式，是推动民族进步和社会发展的不竭动力。人类社会发展的历史，就是一部创新的历史，一部创造性思维实践、创造力发挥的历史。在当前激烈的国际竞争中,振兴中华民族,创新成为关键因素。一个民族要想走在时代前列,就不能没有理论思维,也不能停止创新。

第二节　创新思维及其方法

当今,世界各国、各行各业,都越来越重视创新,但是怎样才能创新呢?关键从两个方面着手,即创新思维和创新思维的方法。具有了创新的思维就有了创新的意识和想法,也就有了创新的原动力;有了创新的方法,也就有了创新的武器。

一、创新思维的概念

创新思维是一种智力品质,是在解决问题的过程中通过选择、突破和重新建构已有的知识、经验和亲自获取的信息,以新的认知模式把握事物发展的内在本质及规律,并进一步提出具有独特见解的符合人文精神的具有主动性和独特性的复杂的思维过程。

1. 创新思维的核心能力

(1)增长知识和见识的能力。

(2)适应、利用和改造环境的能力。

(3)培育直觉敏感、发挥大胆想象和捕获思维灵感的能力。

2. 创新思维的作用

(1)认知和实践之间的中介。

(2)产生新观念、新发现的工具。

(3)在问题解决过程中有启示功能。

(4)对客观事物发展进程有适应、控制和引导功能。

3. 创新思维的重要性

第一,创新思维是创新实践和创造力发挥的前提。思路决定出路,举个简单的案例,电影《泰坦尼克号》中一个致命的思维错误是船造得越大就越不会沉,越不会翻,在这个错误思维下,必要的救生艇和救生衣没带够。当船将沉时,救生艇、救生衣不够,造成悲剧。要知道是船都有可能沉,所以说,创新思维是创造性实践的前提,是创造力发挥的前提。

第二, 创新思维不仅是个前提,还是竞争的法宝。当今社会是竞争的社会,靠什么竞争? 靠特色、靠创新、靠思路、靠创新思维。

第三,创新思维对我们各方面的发展都有重要作用。下面是两个大学生的故事。

两个大学生毕业了,分配到一个公司工作,两年过后,公司老总提拔了 A 大学生当副科长。B 大学生心理不平衡了,心想:“我们两个不是一起来的吗? 我们都非常努力工作,怎么提拔了A,不提拔我啊?”B找到老总,问:“交给我的任何工作,我都踏踏实实完成了,怎么提拔A不提拔我?”老总非常有耐心,对B说:“你帮我做一件事吧,下午四点半,你到自由市场去看有什么东西卖没有,回来跟我说一声。”B说:“好,我去看一下。”B去了,一会儿就回来了,说:“市场上有个农民推了个手推车,在卖土豆。”老总说:“这一车土豆大概有多少斤呢?”B说:“老总我没问,我去问一下。”一会儿回来了,回答说:“一车土豆300多斤。”老总说:“大概多少钱一斤呢?”B说:“噢,这个我还没问,老总那我去问一下。”一会儿回来了。B说:“老总,八毛钱一斤。”老总说:“要是300多斤都买了,他能便宜吗?”B说:“噢,这个问题我要去问一下。”一会儿回来了。B说:“老总,300多斤都买,他六毛钱一斤就卖。”老总看他跑了四趟,汗水出来了,端了一杯茶过去,请他坐下。又把提了副科长的A叫过来,说:“你到市场上去看一下有什么东西卖没有,回来给我讲一下。”A一会儿回来了,回答说:“老总,有个农民推着一车土豆在卖。”老总说:“大约有多少斤啊?”A说:“老总,我顺便问了一下,300斤多一点。”老总说:“多少钱一斤呢?”A说:“老总,我也顺便问了一下,八毛钱一斤。”老总说:“全部买了,他能便宜吗?”A说:“老总,我顺便问了一下,六毛钱一斤他就卖。”老总说:“叫他来,我们都买了。”A说:“我已经叫他到门口了。”B看到这个全过程,向老总承诺:老总我继续干,我会好好干的。

创新思维就是不受现成的常规思路的约束,寻求对问题的全新的、独特的解答的思维过程。创新思维是相对于传统性思维而言的,是所有人都有的,但是,不是所有的人都能够运用它,平常人是传统性和常规性的思维占主导,大量的创新思维被埋没了,所以创造力发挥不出来。

4. 创新思维的特征

创新思维是人类在探索未知领域的过程中,能够打破常规,积极向上,寻求获得新成果的思维活动,是人类思维活动的精髓。

(1)独立性。

所谓创新思维的独立性就是思维主体在认识事物、解决问题时,不局限于原有的经验和知识,能够突破常规思维定式的束缚,实现认识或实践的新飞跃,与众人、前人不同,独具卓识。这是因为创新思维所要解决的问题是没有现成答案的,不能照搬常规、传统方法来处理,需要有新颖独特的思维。

独立性体现在思维中的怀疑因子:对“司空见惯”“完美无缺”者的质疑;力破陈规、锐意进取,勇于向习惯和传统进行挑战。

(2)联动性。

这里的联动性是“由此及彼”性,有创新想象的参与。想象是创造之母,它能结合以往的知识与经验,在头脑中形成创造性新形象,把概念的东西形象化,从而使创造活动顺利展开。其形式有:纵向联动,发现一种现象后能顺其深入研究,穷根究底;逆向联动,由一种现象想到其反面;横向联动,由一种现象联想到与之相似、相关的事物。

(3)多向性。

多向性,即善于从不同的角度思考问题。这种思维或表现为“发散机智”,即在一个问题前面提出多种设想,多种答案;或表现为“换元机智”,即灵活地置换影响事物质与量的因素,从而产生思路,或表现为“转向机智”,即在一个方向受到阻碍时,不钻“牛角尖”,而是转向其他方向;或表现为“创优机智”,即在多种答案中努力探寻最优的方案。多向性特点表明,创新思维是一种具有流畅性、灵活性的发散思维、置换思维和迂回思维。具有创新思维素质的人应该思路开阔,不受传统思想、观念、习惯的束缚,敢于从新的角度思考问题,善于从不同的角度思考问题。

(4)综合性。

创新是一种探索性的活动,从发现、提出到创造成功,整个过程势必包含许多曲折,因而也一定有多种思维方式的参与:既有知觉的洞察和灵感的闪现,又有想象的驰骋和类比的启迪,更不乏演绎与归纳、发散与集中。只有突破刻板思维的约束,综合灵活地运用多种创造性思维方法,才会有非同寻常的创造。

(5)灵活性。

思维主体的思维活动不受常规思维定式的束缚、局限,不恪守一种稳定的有序性,其思维方式、方法、程序、途径等都没有固定的框架,允许思维自由跳跃,往往借助直觉和灵感,以突发式、飞跃式的形式寻求问题的答案。

(6)非常规性。

非常规性,就是不合逻辑的思维方式和违反常规解决问题的方法,是一种更多地依靠非逻辑思维,打破常规、另辟蹊径的思维活动。

例如,发明实例——火箭中的木舵。通常,在火箭箭体的下面都安装有方向舵,以稳定火箭在大气飞行中的姿态。然而,在火箭起飞时,初速度等于零,没有气流吹在方向舵上,因而它不能起控制作用。怎么解决这个问题?科学家们自然想到要控制火箭喷射出燃气流的方向,以稳定火箭在起飞时不致于倾翻。解决的方法是,在高温高压的燃气流中安装一个控制舵,常规的思维方法是需要采用能耐高温高压的材料来制成这种舵。但问题又出来了,火箭起飞后,有了速度,空气舵能够起作用了,如何除掉燃气舵,防止它添乱,又使科学家们大伤脑筋,最后只好请教发明家了。发明家提出了一个出乎大家意料的方案,采用易燃烧的木舵,来代替耐高温高压的燃气舵。在火箭起飞的瞬间,木舵还没有燃烧或者还没烧完时,它可以起着控制作用,当火箭有了速度,不需要木舵时,它也烧完了。这就是非常规性。

(7)积极主动性。

积极主动性是对进行创造的人提出的要求。要创造新的事物、新的方法,就必须具有积极主动和进取的心态,否则就不能"思人之所未思",去创造性地解决问题;而且在创造的过程中,困难重重,更需要创造者以大无畏的精神全身心地投入,去敏锐观察,发挥想象,活跃灵感,标新立异,把一个人全部积极的心理品质都调动起来。

千百年来,物体从高处落下的现象,司空见惯,从来没有引起人们的兴趣,如果有人提出"物体为什么不往天上落"的问题,人们一定认为这个人的思维出了毛病。然而,英国伟大的科学家牛顿确实提出了这个问题,引出了牛顿见苹果落地而悟出地球引力的故事。苹果落地激发了牛顿的灵感,牛顿适时地抓住了灵感闪现的火花,发现万有引力定律源于牛顿长期对物体运动规律的研究,也是在情理之中。在牛顿发现万有引力的过程中,可以看到想象对于创造性突破具有举足轻重的作用。

二、创新思维的方法

创新思维使人能突破思维定式思考问题,从新的思路去寻找解决问题的方法。常用的创新思维的方法有逆向思维法、侧向思维法、求异思维法、类比思维法、综合(集中)思维法、发散(扩散)思维法、顿悟(灵感)思维法、抽象思维法、概念思维法、逻辑思维法、形象思维法、意象思维法、直感思维法、社会思维法、反向思维法、相关思维法等。

以下对几种创新思维法进行介绍

(一)逆向思维法

逆向思维法就是不采用人们通常思考问题的思路,而是从相反的方向去思考问题。逆向思维法具有挑战性,常能出奇制胜,是突破性解决问题的方法。同学们小学时都学过"司马光砸缸"的故事。小孩落水将被淹死,要救出落入水缸的小孩,常规方法是把小孩拉出水缸。把一个小孩拉出水缸,对大人来说不成问题,但对还是少年的司马光来说却不是一件容易的事,弄不好自己还可能被对方拉下水。司马光考虑的不是常人想的"人离水能活"这一方法,而是反过来"水离人,人也能活"这种思维方法,结果砸破水缸救出小孩,这就是一种逆向思维。逆向思维可分为功能反转、结构反转、因果反转、状态反转等几种。从已有事物的相反功能去设想和寻求解决问题的新途径,获得新的创造发明的思维方法即为功能反转。从已有事物的相反结构形式去设想和寻求解决问题的新途径的创造性思维方法属结构反转。如一般门锁的锁舌有斜口,这样关门比较方便,但却容易通过塞入硬片等方法把门撬开,防盗功能差,有人把门框上锁孔内侧焊个斜片，将锁舌改成方形，这样从结构上与原锁反转，关门照样方便，但由外往里撬门时，由于锁舌是方形的就不易被撬开了，从而使防盗性能大大增加。

运用逆向思维法的还有孙膑智胜魏惠王的故事。孙膑是战国时著名军事家，至魏国求职，魏惠王心胸狭窄，忌其才华，故意刁难，对孙膑说："听说你很有才能，你若能使我从座位上走下来，就任用你为将军。"魏惠王心想："我就是不起来，你又奈我何！"孙膑想："魏惠王赖在座位上，我不能强行把他拉下来，把皇帝拉下来是死罪，怎么办呢？只有让他自动走下来。"于是，孙膑对魏惠王说："我确实没有办法使大王从宝座上走下来，但是我却有办法使您坐到宝座上。"魏惠王心想："这还不是一回事？我就是不坐下，你又奈我何！"便乐呵呵地从座位上走下来。孙膑马上说："我现在虽然没有办法使您回去，但我已经使您从座位上走下来了。"魏惠王方知上当，只好任用他为将军。此故事中孙膑就是用逆向思维法让魏惠王自动从座位上走下来的。

（二）侧向思维法

侧向思维法与逆向思维法一样，都是相对常规思维活动而言的。它们的区别在于：逆向思维在许多场合表现为与他人的思维方向相反，但轨迹一致，而侧向思维不仅在方向上，而且在轨迹上也有所不同，偏重于另辟蹊径。

侧向思维法是摆脱常规思维方式或习惯思维（思维定式）的束缚，换一种观察角度来思考。

有这样一个故事：一人想过河，便大声问那些船老大会不会游泳，会游泳的船老大都围了过来，只有一位在原地不动，他便过去问那人水性好不好。那人回答："对不起，我不会游泳！""好，我坐你的船！"我们不禁要问，为什么要乘不会游泳的船老大的船呢？原来，船老大不会游泳，出于本能自然是小心划船，反而比较安全。这人就是运用了侧向思维法。

（三）求异思维法

求异思维的关键在于不受任何框架、任何模式的约束，能够突破、跳出传统观念和习惯的禁锢，从新的角度认识问题，以新的思路、新的方法创造人类前所未有的更好、更美的东西。日常所说的"出奇制胜"，就是求异思维，如手机制造，屏幕越来越大、功能越来越强、成本越来越高。有厂家推出功能减少、使用方便、价格低廉的手机，就是求异思维的结果。

（四）类比思维法

类比思维是一种逻辑思维方式，人们通过类比已有事物开启创造未知事物的发明思路。它把已有的事物和一些表面看来与之毫不相干的事物联系起来，寻找创新目标。类比思维法常见的方式有：形式类比、功能类比和幻想类比等。如由鸟的飞行运动制成了飞机。飞机高速飞行时机翼产生强烈振动，有人根据蜻蜓羽翅的减振结构设计了飞机的减振装置。这些是形式类比。功能类比是根据人们的某种愿望或需要类比某种自然物或人工物的功能,提出创造具有近似功能的新装置的方法,这种方法特别在仿生学研究上有广泛应用,如鳄鱼夹、各种机械手等。

培根说:“类比联想支配发明。”培根把类比思维和联想紧密相连,有类比更需要联想,不论是寻找创造目标,还是寻找解决方法都离不开联想。要用好类比思维法,应该提高联想能力,特别是掌握相似联想,是用好这一思维方法的重要条件。

(五)综合(集中)思维法

把几个不同的想法融合起来,取其长处、相互补充,用以解决一个难题或者完成一件作品,这就是综合思维法,又称集中思维法。

综合思维法是对原理、设计、结构进行合理改进、互补、综合,达到理想目标。近年来普遍使用的“头脑风暴法”“三个臭皮匠,抵个诸葛亮”等就是这种思维的具体应用。

(六)发散(扩散)思维法

发散(扩散)思维法是围绕一个问题,突破常规思维的束缚,通过对已知信息进行多方向、多角度、多渠道的思考、探索,由一点到多点从而悟出新问题、探索新知识或得出多种结果的思维方式,又称扩散思维、多向思维、辐射思维。因此,求异性是发散思维最重要的本质特征。

发散思维法的常用操作有:材料发散,就是以某种材料为基点,设想它的多种用途,并对材料的各种专用特性进行研究、改进,达到要求的目标;功能扩散,以某种事物的功能为扩散中心,设想这种功能的其他用途;形态扩散,以某种事物形态(颜色、形状、声音、气味等)为扩散中心设想出能被利用的各种可能性。发散(扩散)思维法与综合(集中)思维法不同,综合(集中)思维法由多点集中到一点,而发散(扩散)思维法是由一点扩散到多点。

(七)顿悟(灵感)思维法

顿悟思维也称灵感思维,它是人们长期思考问题,借助对事物新的认识与启示,所猝然迸发的一种领悟或理解的思维方法。

灵感激发的机理与方式如下。

灵感激发的机理:美国心理学家马斯洛的高峰体验更能体现灵感的激发机理。

灵感激发的方式:(1)外部激发;(2)内部激发;(3)情境激发。

第三节　创新思维的培养与创新能力的提升

一、创新思维的培养

好奇心和问题意识是产生创新思维活动的一个重要条件。

创新意识是产生创新思维活动的重要前提。

创新思维需要坚强的自信心和意志力做支撑。

克服消极思维活动中的三大创新思维障碍。

第一,思维定式。

思考同类或相似问题的惯性轨道,来自于心理定式。过去的思维影响当前的思维,形成了固定的思维模式。一个人的思维定式是怎么产生的呢?一个是权威;一个是从众心理,即个体盲目地顺应了群体;一个是先验,过去是这样的,现在的思维也是这样。有一句经典的话是,思维一旦进入死角,其智力就在常人之下。所以,要具备创新思维,首先要打破思维定式。

第二,思维惯性。

思维惯性有习惯性思维和传统性思维之分。举个例子,老师问中小学学生:同学们,有一个聋哑人到五金商店去买一个钉子,他说不出话怎么办?他就比画。根据他的比画人家就给他一个锤子,他摇头;给他一个榔头,他摇头。他使劲比画想表达他要买一个钉子。后来店家猜到是钉子,他非常高兴。老师又问同学们,有一个盲人,他要买剪刀,我们怎么用最简洁的方式表达。一个同学说,老师我们知道,现在不能这样比画了,要那样比画。全班同学都赞成,老师说他不需要比画,他直接说买剪刀,因为他是盲人,盲人是可以说话的。你看前面就是比画,把你的思维引进比画的思维定式上了,这就是思维惯性。所以,要培养创新思维也不能被思维惯性影响。

第三,思维封闭。

与封闭对应的是开放。知识的缺乏、不愿意接触和学习新东西、心理障碍等都是阻碍创新的“高墙深院”。我们要思维创新,就要不断解放思想、打破封闭,不断冲破思想的“高墙深院”。

这里有个案例,叫“避免霍布森选择”。300 多年前英国伦敦的郊区有一个人叫霍布森,他养了很多马,高马、矮马、花马、斑马、肥马、瘦马都有。他对来的人说,你们挑我的马吧,可以选大的、小的、肥的,可以租马也可以买马。大家非常高兴地去选马了,但是整个马圈旁边就有个很小的洞,很小的门,你选大的马是出不来的。后来获得诺贝尔奖的一个人叫西蒙,就把这种现象叫作霍布森选择。就是说,你的思维和境界只有这么大,没有打开,没有上层次,即思维封闭。

二、创新能力的提升

(一)创新能力的概念

能力是指人们表现出来的解决问题可能性的个性心理特征,是完成任务、达到目标的必备条件。

创新能力是指在前人发现或发明的基础上,通过自身努力,创造性地提出新的发现、发明和新的改进、革新方案的能力。

(二)创新能力的构成

个人创新能力包括观察、抽象、类推、建模、展现、更换思考维度、更换认识模式、学习、分析、综合、想象、批判、创造、解决问题、实践、组织协调以及整合多种能力的能力。

三种能有效提高创新实践的综合性能力包括:(1)智慧杂交能力:即选取他人的思维成果,巧妙结合,形成新成果。(2)思维统摄能力:把大量概念、事实和观察材料综合、概括整理,形成科学概念和系统。(3)辩证分析能力:对占有的材料进行深入分析,把握其特点,从中概括出事物的规律。

(三)创新能力的特点

创新能力具有综合性、独创性、实践性等特点。

(四)创新能力形成的基本原理

原理一:遗传素质是形成创新能力的生理基础和必要物质前提。它潜在地决定着个体创新能力未来发展的类型、速度和水平。

原理二:环境是创新能力形成和提高的重要条件。环境优劣影响着个体创新能力发展的速度和水平。

原理三:实践是创新能力形成的唯一途径。实践也是检验创新能力水平和创新活动成果的标准。

原理四:创新思维是创新能力形成的核心与关键。创新思维的一般规律是先发散而后集中,最后解决问题。

(五)创新能力提高的方法

第一,要充满好奇心。特别是对司空见惯、熟视无睹的事,你要问一个为什么。

第二,要有丰富的想象力。丰富的想象力是创新能力提高的前提,是基础,哪怕是异想天开,也要有丰富的想象力。

第三,要有良好的心态。创新要有良好的心态。良好的心态是积极向上的。比如这是半杯水,一个心态消极的人看到会说糟了糟了,只有半杯水了,怎么办呢？一个心态积极的人看到的还是这半杯水，会说太好了，还有半杯水。同样看到的是半杯水，两个人的心态截然不同，所以我们要有积极向上的心态。要经得起挫折，经得起失败。发明电灯的爱迪生，失败了 1 000 多次，最后才成功。记者问爱迪生，你都失败了 1 000 多次了还在继续，他说我不是失败了 1 000 多次，是成功了 1 000 多次，每一次你们认为是失败，我却认为是成功。

第四，要与他人交流信息。彼此交流信息能产生创新的思想火花。假如你有一个苹果，我有一个梨子，我把我的梨子给你，你把你的苹果给我，量没增加。但是你有一种思想，我有一种思想，我们交换一下思想就不同了，你的思想传达给我，你原来的思想还在，我就拥有了两种思想；我的思想传达给你，你也拥有了两种思想。所以要交流，通过交流，创新思维、创造力就出来了。

创新能力是人与生俱来的。人们的年龄、文化、学历不同，创新能力也不同。虽然人人都有思维，但是有的人一生事业平平，有的人一生硕果累累，关键在于后者具有创新思维能力，其创新思维能力越高，事业上所获得的成就也就越大。

第六章　大学生恋爱心理

第一节　大学生恋爱心理的发展阶段及类型

爱情是人类一个永恒的话题，它也是大学生生理、心理发展的自然结果。了解大学生身心发展规律，科学、客观地审视现代大学生恋爱现象，对大学生心理健康发展是很有必要的。

一、大学生恋爱心理的发展阶段

大学生恋爱心理一般要经历理想对象建构、初恋、热恋、心理相撞调适和感情平静五个阶段。

理想对象建构阶段，即爱的意识萌生阶段。

初恋阶段，即现实对象的确定阶段。

热恋阶段，也称激情热恋阶段。

心理相撞调适阶段，即热恋过后随即进入的阶段。在此阶段，双方都会想证实自己在以上阶段对恋人的一些理想化看法，发现恋人的其他的一些优缺点，并根据这些优缺点做出判断，看这段感情是否可以延续下去。

感情平静阶段，如果在心理相撞调适阶段做出了肯定的判断，恋爱双方就进入感情平静阶段。

二、大学生恋爱心理的类型

求全心理：有人把恋人过于理想化，把标准定得太高，超过了实际可能性。这样极大地缩小了选择范围，减少了恋爱的成功率。特别是大龄青年，求全心理更为突出，结果一误再误。有这种心态的人要从理想化回到现实中来，及时调整择偶标准为时未晚。

自卑心理：有自卑心理的人，并不一定就是条件很差。也有的人之所以有自卑心理是由生理缺陷或职业原因或有过某些过失而造成的。自卑心理易使个人孤僻、离群，不愿在公开场合露面，不愿与异性交往。遇到理想异性时因担心对方看不起自己，不敢大胆追求而失去时机。有这种心态的人要振作精神，树立自信、自强的心理。

从众心理：有这种心态的人的表现是对恋人的看法缺乏主见。别人说好则自觉得意,别人说不好则会觉得不理想,往往因随波逐流而断送了自己的爱情。有这种心态的人,广听众议是好的,但要认真地分析判断,拿定自己的主意。

男权心理:有这种心态的人不仅男性认为要比女性强,而女性也认为男性应该比女性强,女方要求男方的地位、文化水平要比自己高些,而男方地位、文化水平低于女方时,则没有勇气去追求女方。克服这种心理的关键在于青年男女要真正领悟爱情的真谛,树立男女平等的思想。

光晕心理:又称为光环效应或成见效应,指人际交往中形成的一种夸大的社会印象,即“情人眼里出西施”。

逆反心理:因客观与个人主观需要不相符,而产生强烈的抵触情绪,并引发一种负向要求和行为的心理活动倾向。在心理学中此类现象称为“罗密欧与朱丽叶效应”。

羞怯心理:有失去了羞怯心理和过度的羞怯两种情况。

第二节 恋爱的心理准备

一、树立正确的恋爱观

恋爱要严肃认真,感情专一。

要懂得爱情是一种责任和奉献。

在恋爱过程中,应多一些理解、信任和宽容,互相尊重,共同进步。

保鲜爱情其实很简单,恋爱中的人,不要只会说“我爱你”,还要学会说“对不起”。

罗曼·罗兰曾经这样说:“当两人之间有真爱情的时候,是不会考虑年龄的问题、经济的条件、相貌的美丑、个子的高矮等等外在的无关紧要的因素的。假如你们之间存在着这种问题,那你要先问问自己,是否真正在爱才好。”

二、把握好友谊与爱情的关系

友谊与爱情的关系:友谊和爱情都是人们之间的美好感情的凝结,异性之间的友谊在一定的条件下是爱情的桥梁。

友谊与爱情的区别。

内涵不同:友谊是在开放、广泛、博大的基础上建立起来的一种平等的、诚挚的、相互信任的关系;而爱情则是一种封闭的、专一的、忠贞的、仅限于一对特定男女之间的关系。

表现形式不同:友谊可能是暂时的、可变的,可能因为环境的改变、工作的变动、思想认识上的分歧而变化;而爱情关系一旦确立,就要求对方始终如一,患难与共。

要求不同:友谊要求对方承担的只是道德义务,对朋友要忠实、真诚、互助、是非分明;而爱情关系一旦确立,尤其在确立了婚姻关系后,不仅要承担道德义务,还要承担法律责任。

三、认识恋爱对大学生心理发展的双重影响

恋爱是一把双刃剑,既有有利于大学生心理成熟健全的一面,又有危害大学生心理健康的一面。

恋爱有利于大学生心理成熟的一面主要表现在以下方面。

其一,从性心理发展的角度看,性冲动必须得到合理的控制,才有利于身心健康。

其二,从性意识发展的角度看,性意识的发展必须经过恋爱阶段才能逐步完善。

其三,从自我意识建立的角度看,恋爱可以使青年逐步建立完整的自我意识。

其四,从人际交往能力发展的角度看,恋爱中两人的深层交往,必然遇到一般人际交往过程中所遇到的问题,处理交往中出现的一系列问题,这将大大提高大学生的交往能力,为日后适应社会人际交流打下良好的基础。

恋爱危害大学生心理健康的一面主要表现在以下方面。

其一,恋爱需要时间和精力,若处理不好恋爱与学业的关系,因此影响学习、耽误学业,将造成大学生更重的心理负担。

其二,恋爱具有排他性,若处理不好恋爱与友谊的关系,将给自己带来烦恼,影响情绪,以至影响生活。

其三,初恋、热恋在心理紧张量表上是分值很高的事件。心理高度紧张对心理健康是不利的。

其四,恋爱的进一步发展还可能带来一些其他问题。如婚前性行为将造成大学生心理失调或心理负担超重。

四、了解爱情及其心理结构

爱情是人类永恒的话题,人们把最美的赞美赋予她。莫里哀称“爱情是一位伟大的导师”,巴尔扎克说“爱情是人生最难的学校”。

教育家苏霍姆林斯基这样教导儿子:“要记住,爱情首先意味着对你的爱侣的命运、前途承担责任……爱,首先意味着献给,把自己的精神力量献给爱侣,为她缔造幸福。”

刘心武说:“亲情、爱情、友情,三者缺一不可。三者缺一,可谓遗憾;三者缺二,可谓不幸;三者皆缺,可谓行尸走肉。”

薄伽丘认为,真正的爱情能够鼓舞人,唤醒他内心沉睡着的力量和潜藏着的才能。

邓颖超谈道:“两性的恋爱,本来是光明正大的事,并不是污浊神秘的。但它的来源,须得要基础于纯洁的友爱,美的感情的渐慢浓厚,个性的接近,相互的了解,思想的融合,人生观的一致……此外,更需两性间觅得共同的‘学’与‘业’来维系着有移动性的爱情,以期永久。这种真纯善美的恋爱,是人生之花,是精神的高尚产品,对于社会、于人类将来,是有良好影响的。”

列宁的爱情观是这样的:“爱情不仅仅是从对方那里获得爱恋和倾慕,更意味着奉献,意味着责任和义务。”

心理学家卡尔·罗杰斯说:“爱是深深的理解和接受。”

马斯洛认为:“爱的需要涉及给予和接受爱,我们必须懂得爱,必须能教会爱、创造爱、预测爱。”

弗洛姆认为,爱是我们对所爱者生命与成长的主动关切,没有这种关切就没有爱。

心理学家海德说:“爱是深度的喜爱。”

(一)爱情的种类

(1)承诺之爱,双方既无生理的吸引,又缺乏相互了解,仅由于某种承诺结合在一起。

(2)浪漫之爱,性的激情与深刻了解,但不能做出承诺。

(3)伴侣之爱,既亲密又有承诺。

(4)闪电之爱,并无深刻的了解,但由于强烈的性吸引而闪电般地结为夫妻。

(5)圆满之爱,相知的亲密、生理的吸引,对婚姻的追求与承诺。

(二)爱情的心理实质

(1)心理的成熟是产生爱情的基础。

(2)爱情是一种相互依恋的情感。

(3)爱情具有深刻的社会性。

(三)爱情的三要素

斯腾伯格认为,人类的爱情虽然复杂多变,但爱情的要素不外乎三个:动机、情绪和认知。他进一步将动机、情绪和认知三者在两性间的爱情关系上的对应称之为亲密、激情和承诺,这三者就如同三角形的三个角,三者都兼备,而且相互之间能够保持平衡,则爱情就会比较完美和持久,如果只有激情和亲密,缺少相互的承诺,那么爱情尽管可能很浪漫,却难以持久;如果有激情和承诺,但没有亲密,爱情则会演变成虚幻的感情;如果只有承诺没有亲密,爱情就会变成空洞的感情,容易褪色和变质。

（四）爱情观

爱情观分为超理性主义的、自然主义的、性爱与情爱相结合的三种。

超理性主义的爱情观：以柏拉图式的爱为典型代表，主张把性欲完全排斥在爱情之外，认为性欲是低级的兽性，爱情是一种丝毫不带兽性的高尚精神活动。

自然主义即泛性论的爱情观：完全以性本能来定义男女之间的爱情，认为“性欲付诸实践叫爱情”，满足性欲和恋爱的要求就像喝杯水那样容易。

性爱与情爱相结合的爱情观：马克思、恩格斯也赞同这种爱情观。他们认为爱情是男女双方之间真挚诚实、相互爱悦的，渴望对方成为自己终身伴侣的一种最强烈、最深沉、最稳定、最专一的高尚感情。爱情是性爱与情爱的统一。

（五）选择合适的恋爱时期

什么时候才算具备了涉足爱河的条件呢？

等到心理发展相对成熟时，待到人生观相对稳定时，待到社会阅历相对丰富时，待到经济相对独立时……

合适的恋爱时期有以下几点需要注意。

一是心理断乳的完成。心理断乳的完成指独立人格基本形成，心理上不再依赖父母，而是靠自己的认识和感受对事物进行独立判断。

二是对性欲具有客观的认识。人的性欲是一种生理现象及由此所产生的与社会心理现象关联的自身应有的健全的东西。

三是对爱情的真谛有较深的理解。有勇气求爱和接受爱。勇气不是一时的冲动，而是“专注”的勇气，“承担责任”的勇气。

四是具备了失恋的承受力。失恋是痛苦的，不具备失恋的承受力是不宜谈恋爱的。

（六）恋爱心理的调适

猜疑心理及其调适：恋爱的特点是排他性，但排他性发展到极点会引起对恋人行动的猜疑。对恋人无端的猜疑，实际上是一种自私心态。

控制心理及其调适：控制对方的心理实质上隐含着自卑心理，真正自信的人很少会有这种怯懦的表现。

要调整这种心理主要在于要真正认识美好的爱情是建立在相互平等、尊重、理解、信任的基础上的。恋人之间在相处中，如果缺少宽容、鼓励和欣赏，而过多地抱怨、苛求对方，控制对方，就会给对方心灵深处留下阴影，制造许多情感上的麻烦。人无完人，几乎每个人多多少少都会有些缺点，因此彼此之间的沟通非常重要，要本着求大同存小异的相处方式，彼此才能达到和谐。另外，在相处中还要注意克服个性中的一些不良因素，如自私、狭隘、偏执、自卑等。

失恋心理及其调适：失恋的创伤有时将给人带来极大的痛苦，有的人会失魂落魄，觉得人生意义不复存在，甚至走极端。恋爱先要学会自爱，面对失恋，我们应该做到：

失恋不失德——不能转爱为恨。

失恋不失态——不能消极颓废。

失恋不失学——不能贻误正常的学习生活。

失恋不失命——不能出现意外。

调适失恋的心理：第一，正确认知、冷静分析失恋原因；第二，合理宣泄，向别人倾诉自己内心的烦恼，减轻痛苦；第三，如果这些方法都不奏效，代偿迁移也是行之有效的。代偿迁移，指大学生把失恋造成的心理紧张迁移到其他方面。代偿迁移的方法主要有以下几种。

一是环境迁移。不要再去过多地涉足以前常与恋人待在一起的环境，睹物思人会使你更加悲伤。而时过境迁，痛苦就会慢慢淡去。

二是将恋爱遇到的挫折升华。把失恋化为一种动力，贝多芬一生失恋多次而创作出辉煌的乐章，由此可见将恋爱遇到的挫折升华的力量。

第三节　恋爱的艺术

心理学家弗洛姆说，爱是一种能力，也是一种艺术，只有掌握了爱的艺术，具备了爱的能力，才会正确地面对和处理爱情。

一、恋爱的选择艺术

学习恋爱的选择艺术主要应了解自己的择偶标准，并了解怎样的选择才能保证爱情的和谐发展。

我国学者孙守成等人根据大学生择偶的目标取向把择偶标准分为三类。

第一类是精神满足型。这类大学生选择恋人以理想、信念、价值、事业、能力等标准来衡量对方的水平，或以气质、性格、兴趣的相投作为共处的基本条件。他们对外貌、金钱、家庭背景等并不在意，而是以达到高层次的精神满足为标准。

第二类是以获得纯粹感官满足为目的之爱情，它是一种对“情欲之爱”的追求。择偶者着重注意恋爱对象的外表（身材、皮肤、相貌）和风度。

第三类是以社会地位、经济条件等为标准。这就是所谓的“现实之爱”，其实质是一种相互交换、互惠的理性考虑。现实的择偶标准分为物质、虚荣和利用三种类型。

三类择偶标准都是客观存在的，但纯粹持一种标准的人很少。

心理学家曾经调查大量幸福美满的家庭，得出爱情和谐至少需要以下三项保证：即相互了解、地位背景相配、气质类型相投。

二、恋爱的表达艺术

恋爱的表达艺术主要指恋爱之初的表达，即求爱的表达，以及爱情发展到一定程度后的表达艺术。

（一）求爱的表达艺术

怎样恰到好处地求爱呢？最重要的是要准确地把握对方的性格特点和心理状态，并根据自己的特点，选择最佳的表达时机和恰当的表达方式。

选择最佳时机，即首先要选择对方和自己都处于好心情的时候，双方关系十分融洽，情绪轻松愉悦。然后要选择合适的地点，应是一个能私下面谈的地点，一个不会给对方和自己造成心理紧张和不适的地点。

选择恰当的表达方式，即选择自己最擅长，对方又最容易接受的表达方式。求爱的表达方式多种多样，面对面的语言表达、书信表达、电话表达、网上聊天表达、信物表达都可以选择。

（二）爱情发展到一定程度的表达艺术

男女间的爱情达到一定程度，渴望用语言、行为，尤其是身体的接触来表达自己的感情。主要有握手、挽臂、亲吻、拥抱、爱抚等。马克思曾说："在我看来，真正的爱情是表现在恋人对他的偶像采取含蓄、谦恭甚至羞涩的态度，而绝不是表现在随意流露热情和过早的亲昵。"

特别要提醒同学们的是，在热恋中表达爱，一定要防止和抵制婚前性行为。

三、爱情的处理艺术

大学生在谈恋爱过程中会碰到很多麻烦，要学会拒绝、学会争论和学会面对多角恋爱。

（一）学会拒绝

在恋爱的过程中，有两种情况必须明确地拒绝。一种情况是当别人追求你，你却觉得对方并非你所爱的人时，要理智地拒绝。

另一种情况是当恋爱进入心理碰撞阶段后，发现对方并不是你心目中的他（她），也应理智地拒绝。

（二）学会争论

大学生应当从内心确立这样的观念：人与人之间的矛盾、冲突可以依靠理智加以调和、消除，不是无法解决的。因此，当恋人之间发生矛盾时，要尽量局限在以理智为主导的争论范围内，避免演化为以情绪为主导的争吵。还要学会主动妥协。更要注意保密。

（三）学会面对多角恋爱

多角恋爱是同时与数个异性建立恋爱关系，历来被认为是典型的爱情不专一，朝三暮四，视爱情为游戏，把自己的幸福建立在牺牲他人感情的基础之上。那么，多角恋爱的当事人应当如何正确对待这个问题呢？

从被恋角色看，有两个或以上的异性同时在爱着你，你应当尽快抉择或一一回绝。

从竞争者角色看，当发现自己站在了危险的“多角区”时，自己应当宽容地理解：若是她（他）对两个人都有了感情，一时难以取舍，不易定夺，自己则应当抓住机遇去“自由竞争”，去表现自己的思想、才能、气质、风度、自信和宽容大度，以争取她（他）下决心择优选择自己。如果在竞争中被回绝，应尽快从竞争中退出。

四、爱情的升华艺术

要使爱情得到升华，必须做到以下几点。

第一，培养高尚的恋爱道德。

第二，摆正爱情与事业的位置。

第三，处理好爱情与友谊的关系。

第四，注意克服恋爱中的心理偏差。

恋爱中的心理偏差主要有自卑心理、猜疑心理、嫉妒心理、控制心理、报复心理等，这些都不利于恋爱的健康发展，更妨碍爱情的升华。我们应注意用已学过的心理调适方法培养健康的人格，克服这些心理偏差，在恋爱的过程中不断完善自己。

第二篇　心理测量觉察篇

FPA 性格色彩测试

说明:将最符合你的选项填在括号内,每题只选一个答案。

1. 关于人生观,我的内心其实是　(　　)

A. 希望能够有尽量多的人生体验,所以会有非常多样化的想法

B. 在小心合理的基础上,谨慎地确定自己的目标,一旦确定会坚定不移地去做

C. 更加注重的是取得一切有可能的成就

D. 宁愿剔除风险而享受平静或现状

2. 如果爬山旅游,在下山回来的路线选择上,我更在乎　(　　)

A. 好玩有趣,所以宁愿新路线回巢

B. 安全稳妥,所以宁愿原路线返回

C. 挑战困难,所以宁愿新路线回巢

D. 方便省心,所以宁愿原路线返回

3. 通常在表达一件事情上,我更看重　(　　)

A. 说话让对方感受到的强烈印象

B. 说话表述的准确程度

C. 说话所能达到的最终目标

D. 说话后周围的人感受是否舒服

4. 在生命的大多数时候,我的内心其实更加欣喜于和希望多些　(　　)

A. 刺激　B. 安全　C. 挑战　D. 稳定

5. 我认为自己在情感上的基本特点是　(　　)

A. 情绪多变,情绪经常波动

B. 外表上自我抑制能力强,但内心感情起伏极大,一旦挫伤难以平复

C. 感情不拖泥带水,较为直接,只是一旦不稳定,容易激动和发怒

D. 天性情绪四平八稳

6. 我认为自己在整个人生中,除了工作以外,在控制欲上面　(　　)

A. 没有控制欲,只有感染带动他人的欲望,但自控能力不算强

B. 用规则来保持我对自己的控制和对他人的要求

C. 内心是有控制欲和希望别人服从我的

D. 不会有任何兴趣去影响别人,也不愿意别人来管控我

7. 当与恋人交往时，我倾向于着重 (　　)
A. 兴趣上的相容性，一起做喜欢的事情，对他的爱意溢于言表
B. 思想上的相容性，体贴入微，对他的需求很敏感
C. 智慧上的相容性，沟通重要的想法，客观地讨论辩论的事情
D. 和谐上的相容性，包容理解另一半的不同观点
8. 在人际交往时，我 (　　)
A. 心态开放，可以快速建立起友谊和人际关系
B. 非常审慎缓慢地进入，一旦认为是朋友，便长久地维持
C. 希望在人际关系中占据主导地位
D. 顺其自然，不温不火，相对被动
9. 我认为自己大多数时候更是 (　　)
A. 感情丰富的人　　B. 思路清晰的人
C. 办事麻利的人　　D. 心态平静的人
10. 通常我完成任务的方式是 (　　)
A. 经常会赶在最后期限前完成
B. 自己做，精确地做，不麻烦别人
C. 先做，快速做
D. 使用传统的方法，需要时从他人处得到帮忙
11. 如果有人深深惹恼我时，我 (　　)
A. 内心感到受伤，认为没有原谅的可能，可最终很多时候还是会原谅对方
B. 深深感到愤怒，如此之深怎可忘记？我会牢记，同时未来完全避开那个家伙
C. 会火冒三丈，并且内心期望有机会狠狠地回应打击
D. 会避免摊牌，因为还不到那个地步，那个人一定会多行不义必自毙，或者自己再去找新朋友
12. 在人际关系中，我最在意的是 (　　)
A. 得到他人的赞美和欢迎
B. 得到他人的理解和欣赏
C. 得到他人的感激和尊敬
D. 得到他人的尊重和接纳
13. 在工作上，我表现出来更多的是 (　　)
A. 充满热忱，有很多想法且很有灵性
B. 心思细腻，完美精确，而且为人可靠
C. 坚强而直截了当，而且有推动力
D. 有耐心，适应性强而且善于协调

14. 过往的老师最有可能对我的评价是　（　　）
A. 情绪起伏大，善于表达和抒发情感
B. 严格保护自己的私密，有时会显得孤独或是不合群
C. 动作敏捷又独立，并且喜欢自己做事情
D. 看起来安稳轻松，反应度偏低，比较温和
15. 朋友对我的评价最有可能的是　（　　）
A. 喜欢对朋友诉说事情，也有能力说服别人去做事
B. 能够提出很多周全的问题，而且需要许多精细的解说
C. 愿意直言表达想法，有时会直率而犀利地谈论不喜欢的人、事、物
D. 通常与他人一起时总是多听少说
16. 在帮助他人的问题上，我倾向于　（　　）
A. 多一事不如少一事，但若他来找我，那我定会帮他
B. 值得帮助的人应该帮助，锦上添花犹胜雪中送炭
C. 无关者何必要帮，但我若承诺，必欲完之而后释然
D. 虽无英雄打虎之胆，却有自告奋勇之心
17. 面对他人对自己的赞美，我的本能反应是　（　　）
A. 没有也无所谓，特别欣喜那也不至于
B. 不需要那些无关痛痒的赞美，宁可他们欣赏我的能力
C. 有点怀疑对方是否认真或者立即回避众人的关注
D. 赞美总是一件令人心情非常愉悦的事
18. 面对生活的现状，我的行为习惯更加倾向于　（　　）
A. 外面怎么变化与我无关，我觉得自己这样还不错
B. 这个世界如果我没什么进步，别人就会进步，所以我需要不停地前进
C. 在所有的问题未发生之前，就应该尽量想好所有的可能性
D. 每天的生活开心快乐最重要
19. 对于规则，我内心的态度是　（　　）
A. 不愿违反规则，但可能因为松散而无法达到规则的要求
B. 打破规则，希望由自己来制定规则而不是遵守规则
C. 严格遵守规则，并且竭尽全力做到规则内的最好
D. 不喜被规则束缚，不按规则出牌会觉得新鲜有趣
20. 我认为自己在行为上的基本特点是　（　　）
A. 慢条斯理，办事按部就班，能与周围的人协调一致
B. 目标明确，集中精力为实现目标而努力，善于抓住核心要点
C. 慎重小心，为做好预防及善后，会不惜一切而尽心操劳
D. 丰富跃动，不喜欢制度和约束，倾向于快速反应

21. 在面对压力时,我比较倾向于选用 ( )

A. 眼不见为净地化解压力

B. 压力越大抵抗力越大

C. 和别人讲也不一定有用,压力在自己的内心慢慢地咀嚼

D. 本能地回避压力,回避不掉就用各种方法来宣泄出去

22. 当结束一段刻骨铭心的感情时,我会 ( )

A. 非常难受,可是日子总还是要过的,时间会冲淡一切的

B. 虽然觉得受伤,但一旦下定决心,就会努力把过去的影子甩掉

C. 深陷在悲伤的情绪中,在相当长的时期里难以自拔,也不愿再接受新的感情

D. 痛不欲生,需要找朋友倾诉或者找渠道发泄,寻求化解之道

23. 面对他人的倾诉,我回顾自己大多时候本能上倾向于 ( )

A. 认同并理解对方感受

B. 做出一些定论或判断

C. 给予一些分析或推理

D. 发表一些评论或意见

24. 我在以下哪个群体中较感满足 ( )

A. 能心平气和地讨论并最终大家达成一致结论的

B. 能彼此展开充分激烈的辩论

C. 能详细讨论事情的好坏和影响的

D. 能随意无拘束地自由散谈,同时又很开心的

25. 在内心的真实想法里,我觉得工作 ( )

A. 如果不必有压力,可以让我做我熟悉的工作那就不错

B. 应该以最快的速度完成,且争取去完成更多的任务

C. 要么不做,要做就做到最好

D. 如果能将乐趣融合在里面那就太棒了,不过如果不喜欢的工作实在是没劲

26. 如果我是领导,内心更希望自己在部属心目中是 ( )

A. 可以亲近的和善于为他们着想的

B. 有很强的能力和富有领导力的

C. 公平公正且足以信赖的

D. 被他们喜欢并且觉得富有感召力的

27. 我希望得到的认同方式是 ( )

A. 无所谓别人是否认同

B. 精英群体的认同最重要

C. 只要我认同的人或者我在乎的人的认同就可以了
D. 希望得到所有大众的认同
28. 当我还是个孩子的时候,我 (　　)
A. 不太会积极尝试新事物,通常比较喜欢旧有的和熟悉的
B. 是孩子王,大家经常听我的决定
C. 害羞见生人,有意识地回避
D. 调皮可爱,在大部分的情况下是乐观而又热心的
29. 如果我是父母,我也许是 (　　)
A. 不愿干涉子女或者容易被说服的
B. 严厉的或者直接给予方向性指点的
C. 用行动代替语言来表示关爱或者高要求的
D. 愿意陪伴孩子一起玩的,孩子的朋友们所喜欢和欢迎的
30. 以下有四组格言,哪组里符合我感觉的数目最多 (　　)
A. 最深刻的真理是最简单和最平凡的
要在人世间取得成功必须大智若愚
好脾气是一个人在社交中所能穿着的最佳服饰
知足是人生在世最大的幸福
B. 走自己的路,让人家去说吧
虽然世界充满了苦难,但是苦难总是能战胜的
有所成就是人生唯一的真正乐趣
对我而言解决一个问题和享受一个假期一样好
C. 一个不注意小事情的人,永远不会成就大事业
理性是心灵中最高贵的因素
切忌浮夸铺张,与其说得过分,不如说得不全
谨慎比大胆要有力量得多
D. 与其在死的时候握着一大把钱,还不如活着的时候活得丰富多彩
任何时候都要最真实地对待你自己,这比什么都重要
使生活变成幻想,再把幻想化为现实
幸福不在于拥有金钱,而在于获得成就时的喜悦以及产生创造力的激情

计分:

红色性格 = 前 15 题 A + 后 15 题 D 的总数
蓝色性格 = 前 15 题 B + 后 15 题 C 的总数
黄色性格 = 前 15 题 C + 后 15 题 B 的总数
绿色性格 = 前 15 题 D + 后 15 题 A 的总数

得分最高的颜色即是你的核心性格色彩,也是你天性中最重要的性格。如

有另外一个颜色得分与最高分相差不大，则可能你是复合色彩性格，但相对比较偏向于最高分的色彩；也有可能你性格中后天受到影响的比重较大，你需要区分哪个是你的天性，哪个是后天影响造成的。

说明：

红色性格：在生活中，红色性格的人一直勇往直前。他们非常热情，追求行动和结果，并且渴望成功。但红色性格的人不善聆听。

蓝色性格：蓝色性格的人性格宁静，镇定自若，无忧无虑，善于控制感情，有责任心。面对问题临危不乱。不过蓝色性格的人不善长与人交际，所以只和志同道合的朋友组建团体。

黄色性格：黄色性格的人有魅力，爱欢迎。他们总是乐观向上的。他们喜欢刺激。

绿色性格：绿色性格的人性情平静，善于克制，心情不易烦乱，很少有忧愁之感，总是对未来充满希望。不过，因为他们对每一个人的态度都差不多，有时候也容易被人误会，认为他们是八面玲珑的人。

霍兰德职业个性测试

说明:以下有60道题目。如果你认为自己是属于这一类人,便在序号上画个圈,反之,便不必做记号。答题时不需要做反复思考。

1. 我喜欢自己动手做一些具体的能直接看到效果的事情。
2. 我喜欢弄清楚有关做一件事情的具体要求,以明确如何去做。
3. 我认为追求的目标应该尽量高些,这样才可能在实践中多获成功。
4. 我很看重人与人之间的友情。
5. 我常常想寻找独特的方式来表现自己的创造力。
6. 我喜欢阅读比较理性的书籍。
7. 我喜欢把生活与工作场所布置得朴实些、实用些。
8. 在开始做一件事情以前,我喜欢有条不紊地做好所有准备工作。
9. 我善于带动他人、影响他人。
10. 为了帮助他人,我愿意做些自我牺牲。
11. 当我进入创造性工作时,我会忘记一切。
12. 在找到解决困难的办法之前,我通常不会罢手。
13. 我喜欢直截了当,不喜欢说话婉转。
14. 我比较善于注意和检查细节。
15. 我乐于在所从事的工作中承担主要责任。
16. 在解决我个人问题时,我喜欢找他人商量。
17. 我的情绪容易激动。
18. 一接触到有关新发明、新发现的信息,我就会感到兴奋。
19. 我喜欢在户外工作与活动。
20. 我喜欢有规律、干净整洁。
21. 每当我要做重大的决定之前,总觉得异常兴奋。
22. 当别人叙述个人烦恼时,我能做一个很好的倾听者。
23. 我喜欢观赏艺术展和好的戏剧与电影。
24. 我喜欢先研究所有的细节,然后再做出合乎逻辑的决定。
25. 我认为手工操作和体力劳动永远不会过时。
26. 我不大喜欢由我一个人负责来做重大决定。
27. 我善于和能为我提供好处的人交往。
28. 我善于调节他人相互之间的矛盾。
29. 我喜欢比较别致的着装,喜欢新颖的色彩与风格。
30. 我对各种大自然的奥秘充满好奇。

31. 我不怕干体力活,通常还知道如何巧干体力活。
32. 在做决定时,我喜欢保险系数比较高的方案,不喜欢冒险。
33. 我喜欢竞争与挑战。
34. 我喜欢与人交往,以丰富自己的阅历。
35. 我善于通过做自己的工作来体现自己的情感。
36. 在动手做一件事情之前,我喜欢先在脑中仔细思索几遍。
37. 我不喜欢购买现成的物品,希望能够买到材料自己做。
38. 只要我按照规则做了,心里就会踏实。
39. 只要成果大,我愿意冒险。
40. 我通常能比较敏感地察觉到他人的需求。
41. 音乐、绘画、文字,任何优美的东西都特别容易给我带来好心情。
42. 我把受教育看成是不断提高自我的一辈子的过程。
43. 我喜欢把东西拆开,然后再使之复原。
44. 我喜欢每一分钟都利用得有名堂。
45. 我喜欢启动一项工作,而具体的细节让其他人去负责。
46. 我喜欢帮助他人,提高他人的学习能力。
47. 我很善于想象。
48. 有时候我能独坐很长时间来阅读、思考或做一件难对付的事情。
49. 我不怎么在乎干活时弄脏自己。
50. 只要能仔细地完整地做完一件事情,我就感到十分满足。
51. 我喜欢在团体中担当主角。
52. 如果我与他人有了矛盾,我喜欢采取平和的方式加以解决。
53. 我对环境布置比较讲究,哪怕是一般色彩、图案都希望能赏心悦目。
54. 哪怕我明知结果会与我的期望相悖,我也要探究到底。
55. 我很看重有健壮的灵活的身体。
56. 如果我说了我来干,我就会把这件事情彻底干好。
57. 我喜欢谈判,喜欢讨价还价。
58. 人们喜欢向我倾诉他们的烦恼。
59. 我喜欢尝试有创意的主意。
60. 凡事我都喜欢问一个“为什么”。

请根据你在上面自测过程中画圈的序号,在下表中相同的数字上同样画圈。

R	C	E	S	A	I
1	2	3	4	5	6
7	8	9	10	11	12
13	14	15	16	17	18
19	20	21	22	23	24
25	26	27	28	29	30
31	32	33	34	35	36
37	38	39	40	41	42
43	44	45	46	47	48
49	50	51	52	53	54
55	56	57	58	59	60

接着,根据每一栏画圈的多少将排在前三位的栏顶上的字母填在下面。

第一：　　　　　　　　第二：　　　　　　　　第三：

【结果分析】

R 代表现实性的个性。其特点是实际,不受意识和情感影响,沉默、保守、谦虚,接受过很好的培训;善于动手胜过善于运用语言,不善于表露感情,喜欢室外作业,喜欢使用机械,善于解决具体的形象型的问题。这类个性的人适合从事的职业,包括商业操作、技术性的工作和一些服务型的职业。

I 代表研究型的个性。其特点是有专门技术与知识,聪明、好奇、勤学好问,不受意识和情感影响,兴趣广泛;重抽象思维,喜欢独处,善于分析事物本质,讲究逻辑性,做事有恒心。这类个性的人适合从事的职业,包括科学研究和一些技术性的工作。

A 代表艺术型的个性。其特点是富于想象力,不服从指挥,敏感、创造欲强、审美欲强、重直觉、善于形象思维,对色彩、声音、图案有特殊的感受力,喜欢单独工作,解决问题时喜欢采用新创意。这类个性的人适合从事的职业,包括艺术、音乐和文化类的职业。

S 代表社会型的个性。其特点是友善,善解人意,好交际、热情、关注他人胜过关注事物,有人本精神,有责任心,对他人的感受比较敏感,善于与人沟通,善于帮助人。这类个性的人适合从事的职业,包括社会和服务类的职业。

E 代表企业型的个性。其特点是有抱负,追求权力地位,好交际、自信、喜欢控制局面,善于做决定,善于鼓励他人,敢作敢当,看重效益。这类个性的人适合从事的职业,包括管理和销售类的职业。

C 代表常规型的个性。其特点是易满足、顺从、缺乏创造性,有条理、利落、实际、讲究次序和规律,喜欢仔细、准确和安静,重务实,责任心强,喜欢听从他人胜过指挥他人。这类个性的人适合从事的职业,包括办公室类和数据类的职业。

请在下面六角形个性分类图上圈出你得分最高的前三个字母。

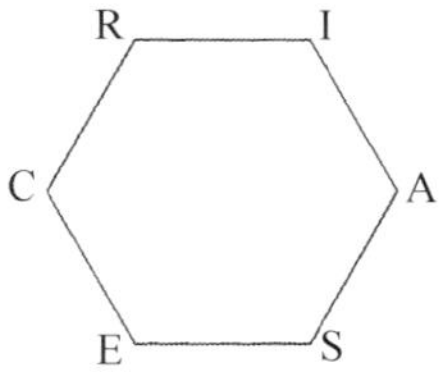

这是美国心理学家、职业咨询理论家霍兰德(Hollend)提出的,在全世界有着广泛影响的六角形职业个性分类图。如果你的个性测试得分最高的三个特征排列在相邻位置上,那么你的兴趣、爱好和需求比较一致,基本上能在相应的职业中获得满足;如果你的个性测试得分最高的三个特征是排列在相对的位置上,那么你的兴趣、爱好和需求比较分散,除了在相应的职业中获得部分满足之外,其他部分需要通过发展业余爱好等方法来加以满足。

创造型人格自测:托拉斯测试

这是根据美国著名心理学家托拉斯的研究成果编成的,简称托拉斯测试法。它要求对下面20种情况做出判断,如果符合自己的情况就在( )里打"√",如果不符合就打"×"。

1. 在做事、观察事物和听人说话时,我能专心致志。 (　　)
2. 我说话、写作文时经常用类比的方法。 (　　)
3. 我能全神贯注地读书、书写和绘画。 (　　)
4. 完成老师布置的作业后,我总有一种兴奋感。 (　　)
5. 我不大迷信权威,常向他们提出挑战。 (　　)
6. 我很喜欢(或习惯)寻找事物产生的各种原因。 (　　)
7. 观察事物时,我向来很精细。 (　　)
8. 我常从别人的谈话中发现问题。 (　　)
9. 在进行带有创造性的工作时,我经常忘记时间。 (　　)
10. 我总能主动地发现一些问题,并能发现和问题有关的各种关系。(　　)
11. 除了日常生活,我平时差不多都在做学问。 (　　)
12. 我总对周围的事物保持着好奇心。 (　　)
13. 对某一些问题有新发现时,我精神上总能感到异常兴奋。 (　　)
14. 通常,我对事物能预测其结果,并能正确地验证这一结果。 (　　)
15. 即使遇到困难和挫折,我也不会气馁。 (　　)
16. 我经常思考事物的新答案和新结果。 (　　)
17. 我有很敏锐的观察能力和提出问题的能力。 (　　)
18. 在学习中,我有自己选定的课题,并能采取自己独有的发现方法和研究方法。 (　　)
19. 遇到问题,我经常能从多方面来探索它的解决办法而不是固定在一种思路上或局限在某一方面。 (　　)
20. 我总有些新的设想在脑子里涌现,即使在游玩时也常能产生新的设想。 (　　)

测试说明:

这里列出的20道题是一个高创造性学生所具有的个性心理特征。如果你的情况符合上述情况越多(打"√"的题目越多),则你的创造心理越好,也就标志着你的创造力可能很高。

如你打"√"的数目占总数(20题)的90%以上,说明你的创造心理特征很好;

如在80%左右(即打"√"的有14~17道题),则属于良好;

在50%左右(即打"√"的有10~13道题),则属于一般;

30%以下则比较差。

最后,值得注意的是,创造型人格是可以开发、提升的,不是一成不变的。每个人都有无穷的创造性潜质。

恋爱态度测试

说明:下列题目均有 A、B、C、D 四个选项,每个选项后的括号内有选项的得分(0 ~ 3 分),请在每题中选择一项你认为最适合的填在题后的括号内。

1. 你对未来妻子的要求中最主要的是(男性选择)　(　　)

A. 善于理家,利落能干(2)

B. 容貌漂亮,举止优雅(1)

C. 人品不错,能体贴帮助自己(3)

D. 顺从你的意思(1)

2. 你对未来丈夫的要求中最主要的是(女性选择)　(　　)

A. 潇洒大方,有男子风度(1)

B. 有钱有势,社交能力强(1)

C. 为人诚实正直,有进取心,待人和蔼可亲(3)

D. 只要他爱我,其他都不考虑(2)

3. 你认为完美的结合应是　(　　)

A. 门当户对(1)

B. 郎才女貌(1)

C. 心心相印(3)

D. 情趣相投(2)

4. 对最佳恋爱时间的考虑是　(　　)

A. 自己已经成熟,懂得人生的意义和爱情的内涵,并且确定了事业上的主攻方向(3)

B. 随着年龄的增大,自有贤妻或好丈夫光临,“月老”不会忘记每个人的(2)

C. 先下手为强,越早越主动(0)

D. 还没想过(1)

5. 你希望自己是怎样结识恋人的　(　　)

A. 青梅竹马,情深意长(2)

B. 一见钟情,难分难舍(1)

C. 在工作和学习中逐渐产生恋情(3)

D. 经熟人介绍(1)

6. 你认为推进爱情的良策是　(　　)

A. 极力讨好取悦对方(1)

B. 尽力使自己变得更完美(3)

C. 百依百顺,言听计从(2)

D. 无计可施(0)

7. 你希望恋爱的时间是 (   )

A. 越短越好,最好是“闪电式”(1)

B. 时间依进展而定(3)

C. 时间要拖长些(2)

D. 自己无主张,全听对方的(0)

8. 谁都希望完整全面地了解对方,你觉得了解他(她)的最佳途径是 (   )

A. 精心布置特殊场面,连连对恋人进行考验(0)

B. 坦诚相待地交谈,细心地观察(3)

C. 通过朋友打听(2)

D. 没想过(1)

9. 你十分倾心的恋人,随着时间的推移,暴露出一些缺点和不足,这时候你 (   )

A. 采取婉转的方式告知并帮助对方改进(3)

B. 无所谓(1)

C. 嫌弃对方,犹豫动摇(0)

D. 内心十分痛苦(2)

10. 当你初踏爱河时,一位条件更好的异性对你表示爱慕,于是你 (   )

A. 说明实情(3)

B. 对其冷淡,但维持友谊(2)

C. 瞒着恋人和其来往(0)

D. 听之任之(1)

11. 当你向久已倾慕的一位异性发出爱的信息时,你忽然发现他(她)另有所爱,你怎么办 (   )

A. 静观待变,进退自如(2)

B. 参与角逐,继续追求(1)

C. 抽身止步,成人之美(3)

D. 不知道(0)

12. 恋爱进程很少会一帆风顺,而你对恋爱中出现的矛盾、波折怎样看 (   )

A. 最好平顺些。既然已经出现了,也是件好事,双方正好趁此了解和考验对方(3)

B. 感到伤心难过,认为这是不幸(2)

C. 疑虑顿生,就此提出分手(1)

D. 没对策(1)

13. 由于性情不合或其他原因，你们的恋爱搁浅了，对方提出分手。这时候你　（　　）

A. 千方百计缠住对方(1)

B. 到处诋毁对方名誉(0)

C. 说声再见，各奔前程(3)

D. 不知所措(1)

14. 你十分依赖的恋人背信弃义，喜新厌旧，甩掉你，你怎么办　（　　）

A. 当自己眼睛认错了人(2)

B. 你不仁，我不义(0)

C. 吸取教训，重新开始(3)

D. 痛苦得难以自拔(1)

15. 你爱途坎坷，多次恋爱均告失败，随着年龄增长进入"老大难"的行列，你　（　　）

A. 一如从前，宁缺毋滥(1)

B. 讨厌追求，随便凑合一个(1)

C. 检查一下选择标准是否实际(3)

D. 叹息命运不佳，从此绝望(0)

16. 你认为恋爱作为人生一个极其重要的环节，其最终所达到的目的应当是　（　　）

A. 找到一个情投意合的爱侣(3)

B. 成家过日子，抚育儿女(2)

C. 满足性的饥渴(0)

D. 只是觉得新鲜有趣儿，没有明确的想法(1)

结果说明：将你所选字母后的数字相加，总分在 42 分以上说明你的恋爱观正确，总分在 33 ~ 41 分之间说明你的恋爱观基本正确，总分在 32 分以下说明你的恋爱观需要调整。

你与他人友好相处的能力测试

1. 你碰巧知道一个同学的一个隐私之后,你的做法是 ( )
   A. 努力不转告别人
   B. 根本没有想到过将它转告别人
   C. 很快与别人谈论此事
2. 你遇到困难的时候 ( )
   A. 通常尽量自己解决
   B. 马上求助于友人
   C. 只求助于最要好的朋友
3. 当你的朋友有困难时,你发现 ( )
   A. 他们都乐于求助于你
   B. 只有好友求助于你
   C. 朋友们很少求助于你
4. 你认为作为朋友,应当 ( )
   A. 为人可靠,值得信赖
   B. 能与自己愉快相处
   C. 有钱有势
5. 以下哪一种情况最符合你 ( )
   A. 与朋友常在一起闲聊
   B. 常能发现朋友的错误
   C. 使朋友们很愉快
6. 在与朋友的交往中,你觉得 ( )
   A. 对许多朋友都感到不耐烦
   B. 大多数朋友都与你相处得很融洽
   C. 必要时迁就一下朋友也是值得的
7. 你的做法更符合以下哪一种情况 ( )
   A. 喜欢发现朋友的优点
   B. 常坚持自己的看法
   C. 从不评论朋友
8. 对于朋友间的交往,你的观点是 ( )
   A. 应当保持适当距离
   B. 应当充分信赖
   C. 应当避免承担责任

以上题目记分为：

	A	B	C
1.	2	3	1
2.	3	1	2
3.	3	2	1
4.	2	3	1
5.	2	1	3
6.	1	3	2
7.	3	1	2
8.	2	3	1

依据计分标准统计后，得分越高，意味着与别人友好相处的能力越强，事实上与朋友的人际关系状态也较好。得分越低，表明不太善于与朋友相处，与朋友的人际关系状况也较差，不太受朋友欢迎(摘自金盛华《社会心理学导论》)。

你的意志是否坚强测试

说明：试题共26道，每道试题你可按下列情况做出判断。

A：很符合自己的情况

B：比较符合自己的情况

C：介于符合与不符合之间

D：不大符合自己的情况

E：很不符合自己的情况

1. 我很喜欢长跑、远足、爬山等体育运动，但并不是因为我的身体条件适合这些项目，而是因为这些运动能够锻炼我的体质和毅力。

2. 我给自己制订计划，常常因为主观原因不能如期完成。

3. 如没有特殊原因，我每天都按时起床，从不睡懒觉。

4. 我的作息没什么规律性，经常随自己的情绪和兴致而变化。

5. 我信奉“凡事不干则已，干则必成”的格言，并身体力行。

6. 我认为做事不必太认真，做的成就做，做不成便罢。

7. 我做一件事的积极性，主要取决于这件事的重要性，即该不该做；而不在于做这件事的兴趣，即不在于想不想做。

8. 有时我躺在床上下决心第二天要干一件重要事情，但第二天这种劲头又消失了。

9. 在学习和娱乐发生冲突的时候，即使这种娱乐很有吸引力，我也会马上决定去学习。

10. 我常因读一本引人入胜的小说或看一类精彩的电视节目，而不能按时入睡。

11. 我下决心办成的事情（如练长跑），无论遇到什么困难（如腰酸腿疼），都会坚持下去。

12. 我在学习和生活中遇到了困难，首先想到的就是问问别人有什么办法。

13. 我能长时间做一件重要而枯燥的事情。

14. 我的兴趣多变，做事情常常是“这山望着那山高”。

15. 我决定做一件事，常常说干就干，决不拖延或让它落空。

16. 我办事喜欢选容易的先做，难的能拖就拖，实在不行，就赶时间做完，所以别人不大放心让我干难度比较大的事情。

17. 对于别人的意见，我从不盲从，总喜欢分析、鉴别一下。

18. 凡是比我能干的人，我不怀疑他们的看法。

19. 遇事我喜欢自己拿主意，但也不排斥吸取别人的意见。

20. 生活中遇到复杂情况时，我常常举棋不定，拿不了注意。

21. 我不怕做我从来没做过的事情，也不怕一个人独立负责重要的工作，我认为这是对我自己很好的锻炼。

22. 我生来胆怯，没有十二分把握的事情，我从来不敢去做。

23. 我和同事、朋友、家人相处，很有克制能力，从不无缘无故发脾气。

24. 在和别人争吵时，我有时虽明知自己不对，却忍不住要说一些过头的话，甚至骂对方几句。

25. 我希望做一个坚强的、有毅力的人，因为我深信“有志者事竟成”。

26. 我相信机遇，很多事实证明，机遇的作用有时大大超过个人的努力。

评分原则：

在上述26道试题中，凡逢单数的试题（1，3，5，7，9……）A、B、C、D、E依次为5、4、3、2、1分，凡逢双数的试题（2，4，6，8，10……）A、B、C、D、E依次为1、2、3、4、5分。

26道试题的总得分，如果在110分以上，说明你的意志很坚强；91～110分，说明你的意志较坚强；71～90分，说明你的意志只是一般；51～70分，说明你的意志比较薄弱；50分以下，说明你的意志很薄弱。

你的事业成功希望有多大测试

说明:下列问题:如答“是”得 1 分,“否”得 0 分,最后计算出总分数。分数高,不必沾沾自喜;分数低,也不必懊恼。

1. 若发觉自己错了,是否勇于道歉?(是,否)
2. 遇到困难是否越斗越勇?(是,否)
3. 与恋人幽会时碰见自己的朋友,是否会正式介绍一下?(是,否)
4. 当天必须完成的工作,是否会延到第二天?(是,否)
5. 约会时如果心情欠佳,是否会失约?(是,否)
6. 对初次见面的人,是否会毫无顾虑地打开话题?(是,否)
7. 对某方面不如自己的人是否轻视?(是,否)
8. 对毫无结论的议题和会议,是否设法离开?(是,否)
9. 对自己的才能,是否喜欢逢人夸奖?(是,否)
10. 对自己的所有服装是否要求整齐?(是,否)
11. 对自己不懂的事物,是否会不耻下问?(是,否)
12. 与女友约会后是否尽可能把她送到家?(是,否)
13. 失败后是否会反省而不耿耿于怀?(是,否)
14. 对社会问题是否一议论起来就慷慨激昂?(是,否)
15. 对朋友的忠告,是否接受?(是,否)
16. 是否认为男人在外工作是当然的?(是,否)
17. 听到朋友出人头地,是否产生竞争心理?(是,否)
18. 对受到好评的书,是否买来一看?(是,否)
19. 为工作而牺牲与朋友的约会,是否认为是没有办法的事?(是,否)
20. 对交代给自己的事未能完成,是否有尽量完成的欲望?(是,否)
21. 由于不高兴而发脾气,是否能很快忘掉?(是,否)
22. 对已着手进行的工作,是否不喜欢半途而废?(是,否)
23. 是否是非分明?(是,否)
24. 对朋友的邀请,除非有要事,都会接受吗?(是,否)
25. 有困难时是否不喜欢依赖人?(是,否)
26. 答应了别人的事,是否想办法完成?(是,否)
27. 被人说闲话,是否不理睬他?(是,否)
28. 你对自己目前的工作是否有自信心?(是,否)
29. 不管周围多么吵闹,也能集中精神工作吗?(是,否)
30. 是否无论如何也想出人头地?(是,否)

评价：

得23～30分的人，才能出众而志向远大，是个了不起的人。作为一个初入社会的新手，可能精力旺盛，工作出色，如果能随时提醒自己，其前程不可估量。

得19～22分的人，家人、邻居、同事及上司都称赞你，因为你勤恳踏实，对工作认真负责，将来在事业上也能成功。

得15～18分的人，只要有个好的引导者，将来可成大器，但过程或许稍慢一些。经过一定的努力，在社会上锻炼几年，也可以闯出一片天地。

得9～14分的人，性格懒惰，不求上进。应该奋发有为，以求自立，否则将来一事无成。

得0～8分的人，应多多学习，对你的发展一定有帮助。

测测你需要心理咨询吗

本测试将帮助你了解和判断自己目前的心理状态。请对下列问题做出最符合你的情况的选择。

A 表示永远或大部分时间如此,B 表示时常如此,C 表示偶尔如此, D 表示很少或从不如此。

1. 在新的环境中,例如求职面谈或在陌生人众多的场合,你是否担心会遭遇难堪或不顺利的事?

2. 有人请你做你不愿意做的事情,例如替朋友看孩子或加班,你想拒绝,能说得出口吗?

3. 你是否在勃然大怒后会感到那件事其实不值得那样生气?

4. 你和朋友在一起时,例如挑选餐厅或电影,你能使他们听从你的建议吗?

5. 在做决定时,你是否会感到困难?

6. 在宴会中,你是否会孤单地站立一旁?

7. 你做日常的活动或家务事时是否征求别人的意见或需要别人的鼓励?

8. 别人占你便宜时,例如有人插队排在你前面,你是否会表示不快?

9. 你是否满意与你关系最密切的人?

10. 在求职面谈或参加宴会之前,你是否需要喝杯酒或服镇静剂?

11. 你是否对自己不能控制的习惯(如吸烟或吃得太多)感到忧虑?

12. 你是否有时(如在听收音机或待在狭小的地方时)会有无法控制的恐惧甚至吓得不能动弹?

13. 你出门后,是否必须再回来看看房门可曾锁好、炉子可曾熄灭及诸如此类的事?

14. 你是否需要一个多小时才能入睡,或醒得比你希望的早一个多小时?

15. 你是否非常关心清洁,或怕被你接触的东西弄脏了,或怕弄脏了你所接触的东西?

16. 你是否觉得前途无望,曾想过伤害自己或自杀?

17. 你是否能看到、听到或感到别人察觉不到的东西?

18. 你是否认为自己有高超的能力,或认为别人用高超的能力来对付你?

19. 你是否有不明原因的恐惧感?

首先,我们要知道,本测试的这些问题是不能以“对”或“错”来回答的,每个人都时常会为小事发脾气,即使对关系最亲密的人有时也会感到不满,但在通常情况下,适应良好的人多半会对本测试的题目做如下回答:

1. C 或 D　　2. A 或 B　　3. C 或 D　　4. B 或 C　　5. C 或 D

6. C 或 D　7. C 或 D　8. A 或 B　9. A 或 B　10. C 或 D
11. C 或 D　12. C 或 D　13. C 或 D　14. C 或 D　15. C 或 D
16. D　17. D　18. D　19. D

评价：

问题 1 ~ 10:评估你能把感情表达到什么程度以及你的自信心如何。如果你大部分答案与上述答案不同,那只是表明你在表达感情上有问题,或对自己缺乏信心。你可以针对自己的问题采取适当措施进行自我调整和改善。

问题 11 ~ 13:这里所提到的行为通常都与情绪问题有关。如果你的大部分答案与上述不同,并觉得你的问题已干扰了你的日常生活,最好去找心理咨询专家,听听他们的意见。

问题 14 ~ 19:这里所提及的行为可能是严重情绪问题的早期信号。如果你的答案与上述不同,你应该考虑是否需要请教一下心理咨询专家。

性格倾向性测试

下面有50道题，请根据自己的实际情况做出回答。符合的，则把该问题后面的“是”圈起来；难以回答的，则把“?”圈起来；不符合的，则把“否”圈起来。

1. 我与观点不同的人也能友好交往。是 ? 否
2. 我读书较慢，力求完全看懂。是 ? 否
3. 我做事较快，但较粗糙。是 ? 否
4. 我经常分析自己，研究自己。是 ? 否
5. 生气时，我总不加抑制地把怒气发泄出来。是 ? 否
6. 在人多的场合我总是力求不引人注意。是 ? 否
7. 我不喜欢写日记。是 ? 否
8. 我待人总是很小心。是 ? 否
9. 我是个不拘小节的人。是 ? 否
10. 我不敢在众人面前发表演说。是 ? 否
11. 我能够做好领导团体的工作。是 ? 否
12. 我经常会猜疑别人。是 ? 否
13. 受到表扬后我会工作得更加努力。是 ? 否
14. 我希望从事平静、轻松的工作。是 ? 否
15. 我从不考虑自己几年后的事情。是 ? 否
16. 我常会一个人想入非非。是 ? 否
17. 我喜欢经常变换工作。是 ? 否
18. 我常常回忆自己过去的生活。是 ? 否
19. 我很喜欢参加集体活动。是 ? 否
20. 我总是三思而后行。是 ? 否
21. 使用金钱时我不精于计算。是 ? 否
22. 我讨厌在我工作时有人在旁边观看。是 ? 否
23. 我始终以乐观的态度看待人生。是 ? 否
24. 我总是独立思考后回答问题。是 ? 否
25. 我不怕应付麻烦的事情。是 ? 否
26. 对陌生人我从不轻易相信。是 ? 否
27. 我几乎从不主动制订学习或工作计划。是 ? 否
28. 我不善于结交朋友。是 ? 否
29. 我的意见和观点常会发生改变。是 ? 否
30. 我很注意交通安全。是 ? 否

31. 我心里有话藏不住，总想对人说出来。是 ？ 否
32. 我常有自卑感。是 ？ 否
33. 我不大注意自己的服装是否整洁。是 ？ 否
34. 我很关心别人对我有什么看法。是 ？ 否
35. 和别人在一起时，我的话总比别人多。是 ？ 否
36. 我喜欢独自一个人在房内休息。是 ？ 否
37. 我的情绪很容易波动。是 ？ 否
38. 看到房间杂乱无章，我的心就平静不下来。是 ？ 否
39. 遇到不懂的问题我就拿去问别人。是 ？ 否
40. 旁边若有说话声或广播声，我就无法静下心来学习。是 ？ 否
41. 我的口头表达能力很不错。是 ？ 否
42. 我是个沉默寡言的人。是 ？ 否
43. 我很快就能熟悉一个新的环境。是 ？ 否
44. 要我同陌生人打交道，常感到为难。是 ？ 否
45. 我常会过高地估计自己的能力。是 ？ 否
46. 遭到失败后我总是忘却不了。是 ？ 否
47. 我感觉脚踏实地地干比探索理论原理更重要。是 ？ 否
48. 我很注意同伴的学习或工作成绩。是 ？ 否
49. 比起读小说和看电影，我更喜欢郊游和跳舞。是 ？ 否
50. 买东西时，我常感觉犹豫不决。是 ？ 否

计分与评价：

题号为单数的题目每圈一个“是”计 2 分，每圈一个“?”计 1 分，每圈一个“否”计 0 分；题号为双数的题目每圈一个“是”计 0 分，每圈一个“?”计 1 分，每圈一个“否”计 2 分。最后将各道题的分数相加，其和即为你的性格倾向性指数。

0 ~ 19 为内向；20 ~ 39 为偏内向；40 ~ 59 为中间型；60 ~ 79 为偏外向；80 ~ 100 为外向。

卡特尔16PF测试

大学生在进行职业生涯规划时,必须充分注意到自己的性格和职业的适宜性。性格是指一个人在生活中形成的对现实的稳定的态度和行为方式。研究表明,性格影响着一个人的职业去向,由于性格的不同,每个人对工作和职业的态度也是不同的。一定的性格必然适合从事一定的职业。

关于性格的测量表有很多,其中16PF是有代表性的。卡特尔16种个性因素测验(16PF)是美国伊利诺州立大学个性及能力测验研究所的卡特尔教授于1949年编制的,后几经修订,形成若干版本。16PF适用于16岁以上的青年人及成年人。

16PF确定了16种人格特征,据此编制人格量表,这16种因素的名称及符号分别是:

A——乐群性　B——聪慧性　C——稳定性　E——恃强性

F——兴奋性　G——有恒性　H——敢为性　I——敏感性

L——怀疑性　M——幻想性　N——世故性　O——忧虑性

Q1——实验性　Q2——独立性　Q3——自律性　Q4——紧张性

卡特尔16PF测试(全题,有187道题目,测试时限30分钟)

1. 我很明了本测试的说明　(　　)

A. 是的　B. 不一定　C. 不是的

2. 我对本测试每一个问题都会按自己的真实情况作答　(　　)

A. 是的　B. 不一定　C. 不同意

3. 有度假机会时,我宁愿　(　　)

A. 去一个繁华的都市

B. 介于"A"与"C"之间

C. 闲居清静而偏僻的郊区

4. 我有足够的能力应付困难　(　　)

A. 是的　B. 不一定　C. 不是的

5. 即使是关在铁笼内的猛兽也会使我惴惴不安　(　　)

A. 是的　B. 不一定　C. 不是的

6. 我总避免批评别人的言行　(　　)

A. 是的　B. 有时如此　C. 不是的

7. 我的思想似乎　(　　)

A. 走在了时代的前面　B. 不太确定　C. 正符合时代

8. 我不擅长说笑话讲趣事　（　　）

A. 是的　B. 介于“A”与“C”之间　C. 不是的

9. 当我看到亲友邻居争执时，我总是　（　　）

A. 任其自己解决　B. 介于“A”与“C”之间　C. 予以劝解

10. 在社交场合中，我　（　　）

A. 谈吐自然　B. 介于“A”与“C”之间　C. 退避三舍，保持沉默

11. 我愿做一名　（　　）

A. 建筑工程师　B. 不确定　C. 社会科学的教员

12. 阅读时，我宁愿选读　（　　）

A. 著名的宗教教义　B. 不确定　C. 国家政治组织的理论

13. 我相信许多人都有些心理不正常，虽然他们都不愿意这样承认　（　　）

A. 是的　B. 介于“A”与“C”之间　C. 不是的

14. 我所希望的结婚对象应擅长交际但无须有文艺才能　（　　）

A. 是的　B. 不一定　C. 不是的

15. 对于头脑简单和不讲理的人，我仍然能以礼相待　（　　）

A. 是的　B. 介于“A”与“C”之间　C. 不是的

16. 受人侍奉时我常感到不安　（　　）

A. 是的　B. 介于“A”与“C”之间　C. 不是的

17. 从事体力劳动或脑力劳动后，我比平常人需要更多的休息才能恢复工作效率　（　　）

A. 是的　B. 介于“A”与“C”之间　C. 不是的

18. 半夜醒来，我会为种种忧虑而不能再入睡　（　　）

A. 常常如此　B. 有时如此　C. 极少如此

19. 事情进行不顺利时，我常会急得掉眼泪　（　　）

A. 从不如此　B. 有时如此　C. 极少如此

20. 我认为只要双方同意就可以离婚，不应当受传统礼教的束缚　（　　）

A. 是的　B. 介于“A”与“C”之间　C. 不是的

21. 我对于人或物的兴趣都很容易改变　（　　）

A. 是的　B. 介于“A”与“C”之间　C. 不是的

22. 筹划事务时，我宁愿　（　　）

A. 和别人合作　B. 不确定　C. 自己单独进行

23. 我常会无端地自言自语　（　　）

A. 常常如此　B. 偶然如此　C. 从不如此

24. 无论工作、饮食或出游，我总　（　　）

A. 很匆忙，不能尽兴　B. 介于“A”与“C”之间　C. 很从容不迫

25. 有时我会怀疑别人是否对我的言谈真正感兴趣 ( )
A. 是的 B. 介于“A”与“C”之间 C. 不是的
26. 在工厂中，我宁愿负责 ( )
A. 机械组 B. 介于“A”与“C”之间 C. 人事组
27. 在阅读时，我宁愿选读 ( )
A. 太空旅行 B. 不太确定 C. 家庭教育
28. 下列三个字中哪个字与其他两个字属于不同类别 ( )
A. 狗 B. 石 C. 牛
29. 如果我能重新做人，我要 ( )
A. 把生活安排得和以前不同
B. 不确定
C. 生活得和以前相仿
30. 在我一生之中，我总能达到我所预期的目标 ( )
A. 是的 B. 不一定 C. 不是的
31. 当我说谎时，我总感内心不安，不敢正视对方 ( )
A. 是的 B. 不一定 C. 不是的
32. 假如我手持一支装有子弹的手枪，我必须取出子弹后才能安心 ( )
A. 是的 B. 介于“A”与“C”之间 C. 不是的
33. 朋友们大都认为我是一个说话风趣的人 ( )
A. 是的 B. 不一定 C. 不是的
34. 如果人们知道我的内心世界，他们都会感到惊讶 ( )
A. 是的 B. 不一定 C. 不是的
35. 在社交场合中，如果我突然成为众人关注的中心，我会感到局促不安 ( )
A. 是的 B. 介于“A”与“C”之间 C. 不是的
36. 我总喜欢参加规模庞大的聚会、舞会或公共集会 ( )
A. 是的 B. 介于“A”与“C”之间 C. 不是的
37. 在下列工作中，我喜欢的是 ( )
A. 音乐 B. 不一定 C. 手工
38. 我常常怀疑那些过于友善的人的动机是否友善 ( )
A. 是的 B. 介于“A”与“C”之间 C. 不是的
39. 我宁愿自己的生活像 ( )
A. 一个艺人或博物学家 B. 不确定 C. 会计师或保险公司的经纪人
40. 目前世界所需要的是 ( )
A. 多产生一些富有改善世界计划的理想家

B. 不确定

C. 脚踏实地的可靠公民

41. 有时候我觉得我需要做剧烈的体力活动 ( )

A. 是的 B. 介于“A”与“C”之间 C. 不是的

42. 我愿与有礼貌有教养的人来往,而不愿和粗鲁野蛮的人为伍 ( )

A. 是的 B. 介于“A”与“C”之间 C. 不是的

43. 在处理一些必须凭借智慧的事务中,我的父母的确 ( )

A. 较一般人差 B. 普通 C. 超人一等

44. 当上司(或老师)要见我时,我 ( )

A. 总觉得可以趁机提出建议

B. 介于“A”与“C”之间

C. 总怀疑自己做错了什么事

45. 假使薪资待遇优厚,我愿意担任照料精神病人的职务 ( )

A. 是的 B. 介于“A”与“C”之间 C. 不是的

46. 看报时,我喜欢读 ( )

A. 当前世界基本社会问题的辩论

B. 介于“A”与“C”之间

C. 地方新闻的报道

47. 在接受困难任务时,我总是 ( )

A. 有独立完成的信心 B. 不确定 C. 希望有别人帮助和指导

48. 逛街时,我宁愿观看一个画家写生,而不愿旁听人家的争论 ( )

A. 是的 B. 不一定 C. 不是的

49. 我的神经脆弱,稍有刺激性的声音就会使我害怕 ( )

A. 时常如此 B. 有时如此 C. 从未如此

50. 我早上起床的时候,常常感到疲乏不堪 ( )

A. 是的 B. 介于“A”与“C”之间 C. 不是的

51. 我宁愿是一个 ( )

A. 森林保管员 B. 不一定 C. 中小学教员

52. 每逢年节或亲友生日,我 ( )

A. 喜欢互相赠送礼物 B. 不太确定 C. 觉得交换礼物是麻烦多事

53. 下列数字中,哪个数字与其他两个数字属于不同类别 ( )

A. 5 B. 2 C. 7

54. “猫”与“鱼”就如同“牛”与 ( )

A. 牛乳 B. 牧草 C. 盐

55. 在为人处事方面,我的父母很值得敬佩 ( )
A. 是的 B. 不一定 C. 不是的
56. 我觉得我有一些别人所不及的优良品质 ( )
A. 是的 B. 不一定 C. 不是的
57. 只要有利于大家,尽管别人认为卑贱的工作,我也乐而为之 ( )
A. 是的 B. 不太确定 C. 不是的
58. 我喜欢看电影或参加其他娱乐活动 ( )
A. 每周一次以上(比一般人多)
B. 每周一次(与通常人相似)
C. 偶尔一次(比通常人少)
59. 我喜欢从事需要精确技术的工作 ( )
A. 是的 B. 介于"A"与"C"之间 C. 不是的
60. 在有思想、有地位的长者面前,我总较为缄默 ( )
A. 是的 B. 介于"A"与"C"之间 C. 不是的
61. 对我来说,在大众前演讲或表演是一件不容易的事 ( )
A. 是的 B. 介于"A"与"C"之间 C. 不是的
62. 我宁愿 ( )
A. 指挥几个人工作 B. 不确定 C. 和团体共同工作
63. 即使我做了一件贻笑大方的事,我也仍然能够将它淡然忘却 ( )
A. 是的 B. 介于"A"与"C"之间 C. 不是的
64. 没有人会幸灾乐祸地希望我遭遇困难 ( )
A. 是的 B. 不确定 C. 不是的
65. 一个人应该考虑人生的真正意义
A. 是的 B. 不确定 C. 不是的
66. 我喜欢解决别人已弄得一塌糊涂的问题 ( )
A. 是的 B. 介于"A"与"C"之间 C. 不是的
67. 我十分高兴的时候总有"好景不长"之感 ( )
A. 是的 B. 介于"A"与"C"之间 C. 不是的
68. 在一般的困难处境下,我总能保持乐观 ( )
A. 是的 B. 不一定 C. 不是的
69. 迁居是一件极不愉快的事 ( )
A. 是的 B. 介于"A"与"C"之间 C. 不是的
70. 在我年轻的时候,如果我和父母的意见不同,我经常 ( )
A. 坚持自己的意见 B. 介于"A"与"C"之间 C. 接受他们的意见

71. 我希望我能够使家庭 (　　)
A. 有其本身的欢乐和活动
B. 介于“A”与“C”之间
C. 成为邻里社交活动的一部分
72. 我解决问题多数依靠 (　　)
A. 个人独立思考　B. 介于“A”与“C”之间　C. 与人互相讨论
73. 需要“当机立断”时,我总 (　　)
A. 镇静地运用智慧
B. 介于“A”与“C”之间
C. 常常紧张兴奋,不能冷静思考
74. 最近,在一两件事情上,我觉得自己是无辜受累 (　　)
A. 是的　B. 介于“A”与“C”之间　C. 不是的
75. 我善于控制我的表情 (　　)
A. 是的　B. 介于“A”与“C”之间　C. 不是的
76. 如果薪资待遇相等,我宁愿做 (　　)
A. 一个化学研究师　B. 不确定　C. 旅行社经理
77. “惊讶”与“新奇”犹如“惧怕”与 (　　)
A. 勇敢　B. 焦虑　C. 恐怖
78. 下列三个分数中,哪一个与其他两个属不同类别
A. 3/7　B. 3/9　C. 3/11
79. 不知什么缘故,有些人故意回避或冷淡我 (　　)
A. 是的　B. 不一定　C. 不是的
80. 我虽善意待人,却得不到好报 (　　)
A. 是的　B. 不一定　C. 不是的
81. 我不喜欢那些夜郎自大、目空一切的人 (　　)
A. 是的　B. 介于“A”与“C”之间　C. 不是的
82. 和一般人相比,我的朋友的确太少 (　　)
A. 是的　B. 介于“A”与“C”之间　C. 不是的
83. 除非迫不得已,我才参加社交集会,否则我总设法回避 (　　)
A. 是的　B. 不一定　C. 不是的
84. 在服务机构中,对上级的逢迎得当,比工作上的表现更为重要 (　　)
A. 是的　B. 介于“A”与“C”之间　C. 不是的
85. 参加竞赛时,我看重的是竞赛活动,而不计较其成败 (　　)
A. 总是如此　B. 一般如此　C. 偶尔如此

86. 我宁愿我所从事的职业有 (　　)

A. 固定可靠的薪水

B. 介于“A”与“C”之间

C. 薪资高低能随我工作的表现而随时调整

87. 我宁愿阅读 (　　)

A. 军事与政治的实事记载

B. 不一定

C. 一部富有情感与幻想的作品

88. 有许多人不敢行骗，主要原因是怕受到惩罚 (　　)

A. 是的　　B. 介于“A”与“C”之间　　C. 不是的

89. 我的父母（或保护人）从未很严格地要我事事顺从 (　　)

A. 是的　　B. 不一定　　C. 不是的

90. “百折不挠、再接再厉”的精神似乎完全被现代人忽视了 (　　)

A. 是的　　B. 不一定　　C. 不是的

91. 如果有人对我发怒，我总 (　　)

A. 设法使他镇静下来　　B. 不太确定　　C. 也会恼怒起来

92. 我希望人人友好相处 (　　)

A. 是的　　B. 不一定　　C. 不是的

93. 无论在极高的屋顶还是在很深的隧道中，我很少觉得胆怯不安 (　　)

A. 是的　　B. 介于“A”与“C”之间　　C. 不是的

94. 我只要没过错，不管人家怎样归咎于我，我总能心安理得 (　　)

A. 是的　　B. 不一定　　C. 不是的

95. 我认为凡是无法理智地解决的问题，有时就不得不靠权力来处理 (　　)

A. 是的　　B. 介于“A”与“C”之间　　C. 不是的

96. 我十六七岁时与异性朋友交往 (　　)

A. 极多　　B. 介于“A”与“C”之间　　C. 比别人冷淡

97. 我在交际场合或所参加的组织中是一个活跃分子 (　　)

A. 是的　　B. 介于“A”与“C”之间　　C. 不是的

98. 在人声嘈杂中，我仍能不受妨碍，专心工作 (　　)

A. 是的　　B. 介于“A”与“C”之间　　C. 不是的

99. 在某些心境下，我常因困惑引起幻想而将工作搁置下来 (　　)

A. 是的　　B. 介于“A”与“C”之间　　C. 不是的

100. 我很少用难堪的话去中伤别人 (　　)

A. 是的　　B. 不太确定　　C. 不是的

101. 我更愿意做一名　（　）
A. 列车员　B. 不确定　C. 制图师
102. “理不胜辞”的意思是　（　）
A. 理不如辞　B. 理多而辞寡　C. 辞藻丰富而理由不足
103. “锄头”与“挖掘”犹如“刀子”与　（　）
A. 雕刻　B. 切割　C. 铲除
104. 我常横过街道,以回避我不愿意打招呼的人　（　）
A. 很少如此　B. 偶然如此　C. 有时如此
105. 在我倾听音乐时,如果人家高谈阔论　（　）
A. 我仍然能够专心倾听,不受影响
B. 介于“A”与“C”之间
C. 我会因为不能专心欣赏而感到恼怒
106. 在课堂上,如果我的意见与老师不同,我常　（　）
A. 保持缄默　B. 不一定　C. 当场表明立场
107. 我和异性朋友交谈时,竭力避免涉及有关性的话题　（　）
A. 是的　B. 介于“A”与“C”之间　C. 不是的
108. 我待人接物的确不太成功　（　）
A. 是的　B. 不尽然　C. 不是的
109. 每当考虑困难问题时,我总是　（　）
A. 一切都未雨绸缪　B. 介于“A”与“B”之间　C. 不是的
110. 我所结交的朋友中,男女各占一半　（　）
A. 是的　B. 介于“A”与“C”之间　C. 不是的
111. 我宁愿　（　）
A. 结识很多的人　B. 不一定　C. 维持几个深交的朋友
112. 我宁愿成为一名哲学家,而不愿做一名机械工程师　（　）
A. 是的　B. 不确定　C. 不是的
113. 如果我发现某人自私不仗义时,我总不顾一切指责他的弱点　（　）
A. 是的　B. 不确定　C. 不是的
114. 我善于用心机去影响同伴,使他们能协助我实现我的目标　（　）
A. 是的　B. 介于“A”与“C”之间　C. 不是的
115. 我喜欢做戏剧、音乐、歌剧等新闻采访工作　（　）
A. 是的　B. 不一定　C. 不是的
116. 当人们表扬我时,我总觉得不好意思　（　）
A. 是的　B. 介于“A”与“C”之间　C. 不是的

117. 我以为现在最需要解决的问题是 (　　)
A. 政治纠纷　B. 不太确定　C. 道德目标的有无
118. 我有时会无故地产生一种面临横祸的恐惧 (　　)
A. 是的　B. 有时如此　C. 不是的
119. 我在童年时,害怕黑暗的次数 (　　)
A. 极多　B. 不太多　C. 没有
120. 黄昏闲暇,我喜欢 (　　)
A. 看一部历史探险影片　B. 不一定　C. 读一本科学幻想小说
121. 当人们批评我古怪时,我觉得 (　　)
A. 非常气恼　B. 有些动气　C. 无所谓
122. 在一个陌生的城市找住址时,我经常 (　　)
A. 找人问路　B. 介于"A"与"C"之间　C. 参考市区地图
123. 朋友们声言要在家休息时,我仍设法怂恿他们外出 (　　)
A. 是的　B. 不一定　C. 不是的
124. 在就寝时,我 (　　)
A. 不易入睡　B. 介于"A"与"C"之间　C. 极容易入睡
125. 有人烦扰我时,我 (　　)
A. 能不露声色
B. 介于"A"与"C"之间
C. 要说给别人听,以泄气愤
126. 如果薪资待遇相等,我宁愿做一个 (　　)
A. 律师　B. 不确定　C. 飞行员或航海员
127. 时间永恒是比喻 (　　)
A. 时间过得很慢　B. 忘了时间　C. 光阴一去不复返
128. 下列三项记号中,哪一项应紧接:╳○○○○╳╳○○○╳╳╳
A. ╳○╳　B. ○○╳　C. ○╳╳
129. 在陌生的地方,我仍能清楚地辨别东西南北的方向
A. 是的　B. 介于"A"与"C"之间　C. 不是的
130. 我的确比一般人幸运,因为我能从事自己乐意从事的工作 (　　)
A. 是的　B. 不一定　C. 不是的
131. 如果我急于想借用别人的东西而物主恰又不在,我认为不告而取亦无大碍 (　　)
A. 是的　B. 介于"A"与"C"之间　C. 不是的
132. 我喜欢向友人讲述一些已往有趣的社交经验 (　　)
A. 是的　B. 介于"A"与"C"之间　C. 不是的

133. 我更愿意做一名 ( )
A. 演员 B. 不确定 C. 建筑师
134. 工作学习之余,我总要安排计划,不使时间浪费 ( )
A. 是的 B. 介于“A”与“C”之间 C. 不是的
135. 与人交际时,我常会无端地产生一种自卑感 ( )
A. 是的 B. 介于“A”与“C”之间 C. 不是的
136. 主动与陌生人交谈 ( )
A. 毫不困难 B. 介于“A”与“C”之间 C. 是一件难事
137. 我喜欢的音乐,多数是 ( )
A. 轻快活泼 B. 介于“A”与“C”之间 C. 富于情感
138. 我爱做“白日梦”,即“完全沉浸于幻想之中” ( )
A. 是的 B. 不一定 C. 不是的
139. 未来二十年的世界局势定将好转 ( )
A. 是的 B. 不一定 C. 不是的
140. 童年时,我喜欢阅读 ( )
A. 神话幻想故事 B. 不确定 C. 战争故事
141. 我素来对机械、汽车、飞机等有兴趣
A. 是的 B. 介于“A”与“C”之间 C. 不是的
142. 我愿意做缓刑释放罪犯的管理监视人 ( )
A. 是的 B. 介于“A”与“C”之间 C. 不是的
143. 人们认为我只不过是一个能苦干、稍有成就的人而已 ( )
A. 是的 B. 介于“A”与“C”之间 C. 不是的
144. 在逆境中,我总能保持精神振奋 ( )
A. 是的 B. 介于“A”与“C”之间 C. 不是的
145. 我认为人工节育是解决世界经济与和平问题的要诀 ( )
A. 是的 B. 不太确定 C. 不是的
146. 我喜欢独自筹划,避免人家的干涉和建议 ( )
A. 是的 B. 介于“A”与“C”之间 C. 不是的
147. 我相信“上司不可能没有过错,但他仍有权做领导者” ( )
A. 是的 B. 不一定 C. 不是的
148. 我总设法使自己不粗心大意、忽略细节 ( )
A. 是的 B. 介于“A”与“C”之间 C. 不是的
149. 与人争辩或险遭事故后,我常发抖,精疲力竭,不能安心工作 ( )
A. 是的 B. 介于“A”与“C”之间 C. 不是的

150. 没有医生处方,我从不乱用药 ( )
A. 是的 B. 介于“A”与“C”之间 C. 不是的
151. 为了培养个人的兴趣,我愿意参加 ( )
A. 摄影组 B. 不确定 C. 辩论会
152. “星火”和“燎原”对等于“姑息”和 ( )
A. 同情 B. 养奸 C. 纵容
153. “钟表”与“时间”犹如“裁缝”与 ( )
A. 西装 B. 剪刀 C. 布料
154. 生动的梦境常常滋扰我的睡眠 ( )
A. 时常如此 B. 偶尔如此 C. 从未如此
155. 我过去曾撕毁一些限制人们自由的布告 ( )
A. 是的 B. 介于“A”与“C”之间 C. 不是的
156. 在一个陌生的城市中,我会 ( )
A. 到处闲逛 B. 不确定 C. 避免去较不安全的地方
157. 我宁愿服饰素洁大方,而不愿争奇斗艳惹人注目 ( )
A. 是的 B. 不太确定 C. 不是的
158. 黄昏时,安静的娱乐远胜过热闹的宴会 ( )
A. 是的 B. 不太确定 C. 不是的
159. 我常常明知故犯,不愿意接受好心的建议 ( )
A. 偶尔如此 B. 罕有如此 C. 从不如此
160. 我总把“是非”“善恶”作为判断或取舍的原则 ( )
A. 是的 B. 介于“A”与“C”之间 C. 不是的
161. 我工作时不喜欢有许多人在旁观看 ( )
A. 是的 B. 介于“A”与“C”之间 C. 不是的
162. 故意去为难一些有教养的人,如医生、老师等人的尊严,是一件有趣的事 ( )
A. 是的 B. 介于“A”与“C”之间 C. 不是的
163. 在各种课程中,我较喜欢 ( )
A. 语文 B. 不确定 C. 数学
164. 那些自以为是、道貌岸然的人最使我生气
A. 是的 B. 介于“A”与“C”之间 C. 不是的
165. 平常与循规蹈矩的人交谈 ( )
A. 颇有兴趣,亦有所得
B. 介于“A”与“C”之间
C. 他们的思想肤浅使我厌烦

166. 我喜欢 （ ）
A. 有几个有时对我很苛求但富有感情的朋友
B. 介于“A”与“C”之间
C. 不受别人的干涉
167. 如果做民意投票时，我宁愿投票赞同 （ ）
A. 根绝有心理缺陷者的生育
B. 不确定
C. 对杀人犯判处死刑
168. 我有时会无端地感到沮丧和痛苦 （ ）
A. 是的 B. 介于“A”与“C”之间 C. 不是的
169. 当我与立场相反的人辩论时，我主张 （ ）
A. 尽量找出基本观点的差异
B. 不一定
C. 彼此让步以解决矛盾
170. 我一向重感情而不重理智，因此我的观点常动摇不定 （ ）
A. 是的 B. 不致如此 C. 不是的
171. 我的学习多依赖于 （ ）
A. 阅读好书 B. 介于“A”与“C”之间 C. 参加团体讨论
172. 我宁愿选择一份薪资待遇高的工作，不在乎有无保障，而不愿做薪资待遇低的固定工作 （ ）
A. 是的 B. 不太确定 C. 不是的
173. 在参加辩论以前，我总先把握住自己的立场 （ ）
A. 经常如此 B. 一般如此 C. 必要时才如此
174. 我常被一些无谓的琐事所烦扰 （ ）
A. 是的 B. 介于“A”与“C”之间 C. 不是的
175. 我宁愿住在嘈杂的城市，而不愿住在安静的乡村 （ ）
A. 是的 B. 不太确定 C. 不是的
176. 我宁愿 （ ）
A. 负责带领儿童游戏 B. 不确定 C. 协助钟表修理
177. “一人（ ）事，众人受累” （ ）
A. 愤 B. 偾 C. 喷
178. 望子成龙的家长往往（ ）苗助长 （ ）
A. 揠 B. 堰 C. 偃
179. 气候的转变并不影响我的情绪 （ ）
A. 是的 B. 介于“A”与“C”之间 C. 不是的

180. 因为我对于一切问题都有些见解,大家都公认我是个富有思想的人 ( )
A. 是的 B. 介于“A”与“C”之间 C. 不是的
181. 我讲话的声音 ( )
A. 洪亮 B. 介于“A”与“C”之间 C. 低沉
182. 人们公认我是一个活跃热情的人 ( )
A. 是的 B. 介于“A”与“C”之间 C. 不是的
183. 我喜欢有旅行和变动机会的工作,而不计较工作本身是否有保障 ( )
A. 是的 B. 介于“A”与“C”之间 C. 不是的
184. 我做事严格,凡事都务求尽善尽美 ( )
A. 是的 B. 介于“A”与“C”之间 C. 不是的
185. 在取回或归还东西时,我总仔细检查东西是否还保持原状 ( )
A. 是的 B. 介于“A”与“C”之间 C. 不是的
186. 我经常精力充沛,忙忙碌碌 ( )
A. 是的 B. 不一定 C. 不是的
187. 我确信我没有遗漏或不经心回答上面任何问题 ( )
A. 是的 B. 不确定 C. 不是的

卡特尔16PF测试答案

A:3,26,27,51,52,76,101,126,151,176
B:28,53,54,77,78,102,103,127,128,152,153,177,178,180
C:4,5,29,30,55,79,80,104,105,129,130,154,179
E:6,7,31,32,56,57,81,106,131,155,156,180,181
F:8,33,58,82,83,107,108,132,133,157,158,182,183
G:9,34,59,84,109,134,159,160,184,185
H:10,35,36,60,61,85,86,110,111,135,136,161,186
I:11,12,37,62,87,112,137,138,162,163
L:13,38,63,64,88,89,113,114,139,164
M:14,15,39,40,65,90,91,115,116, 140,141,165,166
N:16,17,41,42,66,67,92,117,142,167
O:18,19,43,44,68,69,93,94,118,119,143,144,168
Q1:20,21,45,46,70,95,120,145,169,170
Q2:22,47,71,72,96,97,121,122,146,171

Q3:23,24,48,73,98,123,147,148,172,173

Q4:25,49,50,74,75,99,100,124,125,149,150,174,175

具体每题的计分方法如下:

(1)下列题凡是选以下对应的选项加 1 分,否则加 0 分。

28. B 53. B 54. B 77. C 78. B 102. C 103. B 127. C 128. B

152. B 153. C 177. A 178. A

(2)下列每题凡是选 B 均加 1 分,选以下对应的选项加 2 分,否则加 0 分。

3. A 4. A 5. C 6. C 7. A 8. C 9. C 10. A 11. C 12. C

13. A 14. C 15. C 16. C 17. A 18. A 19. C 20. A 21. A 22. C

23. C 24. C 25. A 26. C 27. C 29. C 30. C 31. C 32. C 33. A

34. C 35. C 36. A 37. A 38. A 39. A 40. A 41. C 42. A 43. A

44. C 45. C 46. A 47. A 48. A 49. A 50. A 51. C 52. A 55. A

56. A 57. C 58. A 59. C 60. C 61. C 62. C 63. C 64. C 65. A

66. C 67. C 68. C 69. C 70. A 71. A 72. A 73. A 74. A 75. C

76. C 79. C 80. C 81. C 82. C 83. C 84. C 85. C 86. C 87. C

88. A 89. C 90. C 91. A 92. C 93. C 94. C 95. C 96. C 97. C

98. A 99. A 100. C 101. A 104. A 105. A 106. C 107. C 108. C

109. A 110. A 111. A 112. A 113. A 114. A 115. A 116. A 117. A

118. A 119. A 120. C 121. C 122. C 123. C 124. A 125. C 126. A

129. A 130. A 131. A 132. A 133. A 134. A 135. C 136. A 137. C

138. A 139. C 140. A 141. C 142. A 143. A 144. C 145. A 146. A

147. A 148. A 149. A 150. A 151. C 154. C 155. A 156. A 157. C

158. C 159. C 160. A 161. C 162. C 163. A 164. A 165. C 166. C

167. A 168. A 169. A 170. C 171. A 172. C 173. A 174. A 175. C

176. A 179. A 180. A 181. A 182. A 183. A 184. A 185. A 186. A

注:第 1、2、187 题不计分。

将每项因素所包括的测试题得分加起来,就是该项性格因素的原始得分。1—4 分为低分特征,7—10 分为高分特征。

因素解释:

1. 因素 A——乐群性

(1)高分者。开朗、热情、随和,易于建立社会联系,在集体中倾向于承担责任和担任领导之职,在职业中容易得到晋升。推销员、企业经理、教师、会计、社会工作者等多具有此种特质。

(2)低分者。保守、孤僻、严肃、退缩、拘谨、生硬。

在职业上倾向于从事富于创造性的工作。

2. 因素 B——智慧性

(1) 高分者。聪明,富有才识,善于抽象思考。学习能力强,思考敏捷正确。适宜经过专业训练后的工作,如高科技技术人员、专业客户经理等。

(2) 低分者。较迟钝,思考能力差。适宜一些琐事性工作。

3. 因素 C——稳定性

(1)高分者。情绪稳定、成熟,能够面对现实,在集体中较受尊重。容易与别人合作,多倾向于从事技术性工作、管理性工作及飞行员、护士、研究人员、运动员等工作。

(2)低分者。情绪不稳定、幼稚、意气用事。当事业和爱情受挫时情绪沮丧,不易恢复。

4. 因素 E——影响性

(1)高分者。武断、盛气凌人、争强好胜、固执己见。

有时表现出反传统倾向,在集体活动中有时不遵守纪律。社会接触较广泛。在学校学习期间,学习成绩一般或稍差。在大学期间可能表现出较强的数学能力。创造性和研究能力较强,经商能力稍差。

(2)低分者。谦卑、温顺、随和、惯于服从。

5. 因素 F——活泼性

(1)高分者。轻松、愉快、逍遥、放纵,社会联系广泛,在集体中较引人注目。在职业上,倾向于运动员、经商者、空中小姐等。

(2)低分者。节制、自律、严肃、沉默寡言。学术活动能力比社会活动能力强一些。

6. 因素 G——有恒性

(1)高分者。真诚、有毅力、执着、道德感强、孝敬、尊重父母。工作勤奋,睡眠较少,在直接接触的小群体中会自然而然地成为领导性人物。在职业上倾向于会计等。

(2)低分者。自私、唯利是图、不讲原则、不守规则、缺乏社会责任感。

7. 因素 H——交际性

(1)高分者。冒险、不可遏制、在社会行为方面胆大妄为,副交感神经占支配地位。

(2)低分者。害羞、胆怯、易受惊吓。交感神经占支配地位。

8. 因素 I——情感性

(1)高分者。细心、敏感、依赖性强;遇事优柔寡断,缺乏自信。

(2)低分者。粗心、自立、现实。喜爱参加体育活动,通常身体较健康;遇事果断、自信。

9. 因素 L——怀疑性

(1)高分者。多疑、戒备,不易受欺骗,易困,多睡眠。

在集体中与他人保持距离,缺乏合作精神。

(2)低分者。真诚、合作、宽容、容易适应环境,在集体中容易与人形成良好的关系。

10. 因素M——想象性

(1)高分者。富于想象,生活豪放不羁,对事漫不经心,通常在中学毕业后仍努力争取继续学习而不是早早就业。在集体中不太被看重,不修边幅,不重整洁,粗枝大叶。经常变换工作,不易被晋升。

(2)低分者。现实、脚踏实地、做事稳妥、具忧患意识、办事认真谨慎。

11. 因素N——世故性

(1)高分者。机敏、狡黠、圆滑、世故,人情练达,善于处世。在社会中容易取得较好的地位,善于解决疑难问题,在集体中受到人们的重视。职业上倾向于心理学家、企业家、商人等。

(2)低分者。直率、坦诚、不加掩饰、不留情面,有时显得过于刻板,不为社会所接受。在社会中不易取得较高地位。

12. 因素O——忧虑性

(1)高分者。忧郁、自责、缺乏安全感,焦虑、不安、自扰、杞人忧天。朋友较少,在集体中既无领袖欲望,亦不被推选为领袖。常对环境进行抱怨,牢骚满腹。害羞、不善言辞、爱哭。

(2)低分者。自信、心平气和、坦然、宁静,有时自负、自命不凡、自鸣得意,容易适应环境,知足常乐。

13. 因素Q1——变革性

(1)高分者。好奇、喜欢尝试各种可能性,思想自由、开放、激进。在家庭中较少大男子主义。

(2)低分者。保守、循规蹈矩、尊重传统。

14. 因素Q2——独立性

(1)高分者。自信、有主见、足智多谋。遇事勇于自己做主,不依赖他人,不推诿责任。职业上倾向于创造性工作。

(2)低分者。依赖性强,缺乏主见,在集体中经常是一个随波逐流的人,对于权威是一个忠实的追随者。

15. 因素Q3——自律性

(1)高分者。较强的自制力,较准确的意志力量,较坚定地追求自己的理想,有良好的自我感觉和自我评价,在集体中,可以提出有价值的建议。

(2)低分者。不能自制、不遵守纪律、松懈、随心所欲、为所欲为、漫不经心、不尊重社会规范。

第三篇　线下学员反馈篇

高鹏飞同学课后感言摘录

短短的四天时间与我们漫漫生命长河相比只是那一朵不起眼的浪花,但是它却是我人生之树上那朵沁人心脾的最香艳的花朵。它的绽放让我原本那褶皱的身躯显现出一丝生命的活力,打开了我重新认识世界的眼睛。

人生总是充满了不一样的惊喜,我从来没有想过会有这么一次难忘的经历。第一天上课,我还因为马上临近的考试而感到心烦意乱,认为上"成功心理与人才发展"课还不如回去复习,但是现在回想起来却发现这是我人生中最美好的时光,是我从来没有感受过的经历。正如在课上老师问的,你人生中最成功的事和最后悔的事是什么。我想对我现在来说,最成功的事就是参加该课程的学习,它不仅通过不一样的教学模式教会我人生哲理,更重要的是我还通过它结识了一群好朋友,改变了我对人生的看法,改变了看问题的角度。同时我也对那些没能坚持下来的同学感到些许的惋惜。我相信队友们在这四天里也有属于自己的收获和体会。正如我在最后课上所说的,我们的相遇正是多少次的回眸才换来的缘分,我一定会好好珍惜的。

本课程以体验式的方法进行教学,通过一系列的活动教会我们成功的道理,相较于传统的课堂教育,其给人的印象更加深刻,也会对人产生更广的影响。在体验式环节中,大家一共经历了六个单元的练习,分别是"萍水相逢""风雨同舟读我懂我""挖掘自我 规划明天""我是国王还是兵""突破自我 创新争先""开拓未来 拥抱明天"。课程的每个环节都有着各自的特色,同时各个环节也是相互促进,紧密联系的,通过层层深入的方式让我们每个人都能够学到成功人才应该具备的品质和特点,同时各个成员从陌生到渐渐熟悉,最后到真正敞开心扉和同伴们进行交谈。虽然最后进行汇报表演时大家都是用自己学习的时间来进行排练的,但是大家都没有任何怨言,并积极配合最终顺利完成了汇报表演。在这段时间里大家都得到了锻炼,我也认识到了自己的不足,明确了我今后应该改正和学习的地方。

在第一节课上,老师教我们跳兔子舞,虽然大家都是初次相见,难免会有些陌生,但是在活动开始后,大家还是能够按照老师的要求积极完成了任务。在大家互相介绍的环节中,我也是鼓足了勇气去与自己不认识的人进行交谈。虽然有些尴尬,但还算是比较顺利的。在之后的环节中,我也是渐渐轻松了,能够比较顺利地和他人交谈,还结识了好多同伴。和大家进行各种活动时我也在不断地思考,努力发现别人的长处,寻找自己的不足。在汇报自己队伍名称环节,我也发现队伍中有的人能够起到很好的带头作用,积极地带动大家,而我却不能很好地参与其中,不能很好地表达自己的想法。在发现了自己的不足后,我也在后来的活动中不断弥补自己的不足。在之后的课程中大家渐渐熟络起来,同时都能为了整个团队的荣誉而献出自己的一分力量,遇到问题大家一起探讨,共同出谋划策。在团队之间进行交谈时,大家也都能够敞开心扉,说出自己心底真实的想法,表达最真挚的感受。就这样在不断的接触中,我发现大家都各有各的特点,在不同场合都有着自己过人的表现,例如,有的同学在每次活动中都能够起到带头作用;有的同学幽默感很强,总是带给他人快乐;有的同学虽然平时没怎么表现但总能在最关键时刻发挥重要作用。除了这些优点,每个人也都有着各自的不足之处,但相信经过这次课程的学习大家都能够有所改变。

为了能更好地完成课程最后设置的表演,大家都抽出时间共同商讨要表演的节目,还记得在周六时大家聚在一起边吃饭边商讨节目,就是在这次商讨中我发现自己的生活是多么无趣,看着大家都不断提出自己的想法,而自己大脑一片空白时,真的感觉自己像是热锅上的蚂蚁。虽然大家没有说什么,但我确实感到十分难受,感觉自己是一个不懂得发现生活美好的人,我也暗自下决心,要在今后的时间里不断弥补自己的不足。在商定好节目后大家又来到文体中心进行排练,虽然在排练的过程中因为各种原因不断地延长时间,但是大家还是坚持排练,一直练到上课的时间。大家没吃饭就开始了新一天的课程。就是这次课我因为有事而请假了一段时间,但就在这段时间里我错过了一个非常重要的活动——大家一起聊自己最成功和最后悔的往事。当我回来时活动已经结束了,我没能听到大家的故事,我也没有机会和大家分享我自己的故事了,至今想来还感觉到有点可惜。为了能够更好地完成表演,大家在周末又聚在一起进行了一下午的排练。虽然节目没有那么成熟但是大家都非常用心,终于迎来最后的表演时刻,即使大家都很疲惫但是在上台表演时都是活力四射的。表演后,大家也都保持着联系,相处得十分融洽。正如老师在最后讲的那样,团队之间已经忘记了异性之间的差别,每个人都真正投入到了活动中。时间虽然短暂,但是给我的印象却是难以磨灭的。

刘晓恬同学课后感言摘录

“成功心理与人才发展”这门课在昨天晚上结束了，这门课是我上大学以来上过的最特别、最有趣的课，知道了很多、认识了很多、了解了很多，刘丽美老师也给我留下了非常深刻的印象，她是那么真实、和蔼可亲，对学生就像对待自己的孩子一样真诚。这四天的时间给我留下了太多太多美好的回忆。

这一课程分为线上与线下两个部分，线上部分让我了解并掌握了很多关于成功的理论，通过刘丽美老师富有感染力的讲解，很多枯燥的知识都变得鲜活有趣。成功，是每个人都追求的，正如课程概述中所说，成功——人生永恒的追求。每个人都渴望成功。那么什么是成功呢？心理学家认为：成功是个体心理的满足；哲学家认为：成功是价值观的实现；人才学认为：成功是人才综合素质的结晶。如何获得成功？一个人想要成功需要具备很多素质，其中良好的心理素质在人才的成长和发展过程中、在一个人成功的道路上起着重要作用。每个人都渴望成功，渴望拥有辉煌的事业，过上富裕的生活，拥有甜蜜的爱情，美满幸福的家庭以及健康的身心。通过线上的学习我收获了很多，我更加明白了如何更好地做人、做事、做学问、创新。我更加明确成功是人生永恒的追求，掌握了很多适合人才成长的社交礼仪，知道如何更好地与身边的人交往，处理好自己的人际关系、提高自己的人际交往能力；更意识到了团队合作的重要性，良好的团队合作能够更加高效率地完成工作，并且在团队中培养自己的领导能力与组织能力；同时也培养了自己的创新思维；在大学生恋爱方面建立了正确的价值观。

线下活动也给我留下了一段美好难忘的回忆。小组中一共有 12 个人，每个人都是一个独立的个体，从一开始的相互陌生到最后的默契十足，大家成了一个真正的团体，12 个人成了彼此最亲密无间的朋友。没开始上课之前，对于短短的几天课，我内心是既期待又拒绝的。周五晚上第一次上课，课程开始老师带着所有人跳了兔子舞，感觉气氛很好。接下来进入到了分组阶段，在一百多人中我们 12 个人组成了一个小组，而不是与其他人，我认为这无疑是一种缘分，我记得刚开始气氛有些尴尬，在做完自我介绍之后大家在极力地想一些话题，后来确定了团队中的两个队长，我也很荣幸地成为八队的副队长，这样，一个以“东风吹、战鼓擂、我们八队怕过谁”为口号的团队就形成了。

周六开始第二天的课程，让我印象深刻的一个活动是“同舟共济”，团队成员齐心协力想方案，当大家踩在报纸上抱在一起一同拼命喊秒数的时候，我感觉到了团队的爆发力。然后又玩了游戏“突出重围”，这些游戏让团队的默契度逐渐上升，大家在一起更加轻松惬意，中午由队长带领大家围在一起吃了午饭。大家在一起说说笑笑，我更加感受到了这个团队的魅力。下午的活动如“生命线”“时间馅饼”更加让我意识到了时间与生命的宝贵。“搭塔游戏”使我感受到了组员间的默契与解说员王东的诙谐幽默，在大家齐心协力之下，我们共同完成了“八一通天塔”。

周日一整天我们团队排练了 3 个节目，这让我发现，我们团队真的是卧虎藏龙，有吉他弹得那么美妙的队长房桐、有钢琴弹得那么优雅的罗效，还有唱歌时散发迷人魅力的王东与赵越，我感受到了浓浓的艺术氛围。《成都》这首歌以前听的时候并没有拨动我的心弦，但是当房桐与王东合唱《成都》时，却让我真正爱上了这首歌。当大家排练的时候，一起唱歌、一起奔跑，我真的觉得那是最美好的时光，是可以被珍藏的时光。晚上的表演我觉得异常成功，每个人在舞台上都绽放着自己的光彩。大家都是那么棒，当所有的努力被见证的时候，内心非常复杂，有激动，有感动，也有一切都结束后即将分别的失落。

当课程宣告要结束的时候，我不再像周五晚上那天希望这一切尽快结束，而是希望还能继续。我非常感谢刘丽美老师给我们搭建这个平台，让我能认识 11 个非常非常好的朋友，也非常感谢队长房桐，为团队做了很多，是一个非常有责任心的人，带领大家共同度过了这精彩的几天！最后，唯望不辜负这金色年华！

林绮欣同学课后感言摘录

萍水相逢

来到丽美老师的课堂，一百多人的“萍水相逢”就此开始。从兔子舞，到一分钟握手，我在游戏中找到了快乐和兴奋并逐渐放开了自己，全身心地投入到课堂中。萍水相逢，说的是浮萍随水漂泊时偶然的相遇，正如课上的我们在老师的一声令下迅速地随机就近寻找新伙伴。“你好，我叫林绮欣，我来自能源学院。”“呃，我叫潘培贤，我是计院的。”……初识的尴尬总是难免的，我们介绍过自己以后便陷入了沉默。但随着新朋友的加入，从二到四从四到八，到最后成为一个小小的可爱集体，大家逐渐熟络起来，交谈中某人一个不经意间提起的爱好，常常引起另一个人惊喜的欢呼，这便是“萍水相逢”的魅力吧！

信任之旅

蒙上眼睛作为“盲人”站在教室中央，我的眼前漆黑一片，怀着满心的忐忑和期待，等待着我的“拐杖”来牵起我的手开始我们的“信任之旅”。终于一只宽厚的手掌轻轻地碰到我的手，又犹豫着松开转而握住我的手臂，我在心里暗笑，大概是个耿直又害羞的“理工男”吧！一路上他细心体贴，我们之间的默契令我惊喜。他把我的手搭在扶手上，我便知道前面是楼梯；他轻踹两脚门槛，我便听声会意，他在我的臂弯内稍稍用力，我便了然前方有阻碍不敢贸然向前。一路坎坷，我只需满怀信任，知恩感恩，自有一双宽大的手为我披荆斩棘。当我也成为另一个人的“拐杖”时，我便知晓我的责任，因为我懂得作为一个“盲人”的不安，所以更明白“拐杖”的力量。

风雨同舟

一张小小的报纸，不可能站下 12 个人，但却能容下一个 12 个人的集体。12 个人 12 个大脑，每个人都在为集体绞尽脑汁，每个人都积极地出谋划策。男生女生之间也没有了羞涩或是尴尬的隔阂，每个人都紧紧地靠在一起，是集体给了我们一个坚实的依靠，让我们在一张报纸上也能拥有最温暖的安全感。

生命线

一条象征生命的线，当画出此刻我所在的那一点，便直观地看出我的生命已经进行到怎样的阶段。我最成功或是最失败的过去是什么，我所希望的未来是怎样，这一切都令人感慨。细心聆听队员们的分享，她最成功的是对抗病魔挺过千难万险，他最成功的是坚强面对担起一个家的责任……比起那些伤痛那些艰难,我曾遇到的坎坷只不过是康庄大道上的一个小水坑,如何算作坎坷。我想当未来的我遇到不能承受的苦痛时,我会回想起这一天队员们坚强的模样,我会从中汲取莫大的力量助我渡过难关。

我是国王还是兵

15 分钟,10 张报纸,没有队长,无须语言,建造一座属于我们的塔。这一个意想不到的任务,不管是能力多强水平多高的人都会不知所措。可我们的“总工程师”李枭可不一样,平时为人低调得很,但一看队里需要的正是他所擅长的,便毫不犹豫地站了出来。其他队员们也表现出对他百分百的信任,理解了的就配合,没怎么懂的就辅助。有几个身怀绝技的,时不时还能出个既有创意又有诗意的小点子。于是,一支训练有素分工合作的工程队迅速建立:以李枭为首的结构设计组,以盛方剑为首的建造组,以吴岳为首的艺术设计组和以我为首的打杂组。最后关头,当吴岳把默默叠好的纸鹤插上塔顶而不需要一根胶带的时候,大家都忍不住鼓起掌来。所以,与其说我们这叫“分工”,我更愿意称之为“各显神通”。终于匆匆忙忙却又兢兢业业地完成了我们的“凤塔”,当需要解说员的时候,我便自然地挺身而出——造塔我不擅长,解说是我的看家本领。

开拓未来 拥抱明天

24 小时,一百多人的盛大晚会,这是多么刺激的挑战!在队长的建议和队员们的头脑风暴后,我们初步拟定表演 3 个节目:合唱、配音以及独唱。合唱的选曲、配音的选段、节目的编排和音频文件的剪辑,这些对于我们来说都是不小的挑战。好在大家都全身心地投入,在自己擅长的领域绝不推辞,我想只有每个人都尽心尽力,发挥所长,各司其职,才能打造出最完美的团队。而我在团队中也扮演着至关重要的角色。周日一整天埋头苦干剪辑视频和音频,唯一两次走出教室都是径直奔向洗手间。当我们终于在舞台上收获掌声的那一刻,我们知道所有的付出都是值得的。

仅仅几天,我收获了最棒的团队,收获了一群亲密的伙伴。我学会知礼守礼,我懂得知恩感恩,我对团队心怀责任,对自己充满信心,对未来满怀期待,对艰难险阻无所畏惧。

感谢丽美老师,感谢“成功心理与人才发展”课程!

关伟凡同学课后感言摘录

课程结束的第二天,《告白气球》悠扬的旋律还在耳畔回响,熟悉的面庞还在脑海重现,我静静地闭上眼睛,任凭思绪萦绕,回到四天前,故事开始的那天……

初　见

哈尔滨的初冬,天气寒冷,树叶凋敝,剩下光秃秃的树干干枯乏味。我拖着疲惫的身躯,依旧过着三点一线的生活,日复一日。我,秉持着大多数人的生活理念,践行着先苦后甜的生活模式,在学生时代过着勤奋刻苦却单调乏味的生活。如果我天性孤僻也罢,可偏偏我是一个爱交朋友的人,喜欢欢快热闹的地方。尽管我不是一个话多的人,但我觉得倾听是一种幸福,我乐在其中,并且久而不疲。以上两点,注定我会过着一种充满矛盾的生活。一方面我要把绝大多数的时间投身到学习之中,为自己和家人的未来负起责任;另一方面我也希望能在哈工大交到知心的朋友,那会是我一生的宝贵财富,但那也意味着我将耗费巨大的精力去维持每一段亲密关系。两者的权重,难以平衡。所以对丽美老师的课,我一直怀有期待。用最短的时间,交到最真心的朋友,这将是一个独一无二的平台。就这样,我怀着满心期待,和我的 11 个队友在这一方教室中,相遇了。

很久没和这么多陌生的朋友待在一起了,看着每一个人,他们或开朗,或腼腆,或幽默地介绍着自己。我发自内心地兴奋,感觉每一个人对我而言都是一个新世界,充满了趣味与故事性。其中一个环节——谈谈参与团队对你而言意味着什么?我认为,参与一个新的团队,就是一次内窥与外探的过程。通过人与人之间的接触,你才会了解到那么多新奇有趣的内容,独学而无友,则孤陋而寡闻。向外探寻着别人的所思所想,向内完善自己的价值观与情感,在接受他人的感染时,也在潜移默化地影响着别人,这就是参与团队给我带来的最大感受。一路走来,事实证明,我的 11 个队友,的确都是善良而有趣的人。在我生活的校园里,每一个和我擦肩而过的人应该都像他们一样积极善良,只想想就觉得这是一件无比幸福的事情。

相　知

丽美老师为了让我们走近彼此,体悟道理,煞费苦心地安排了很多环节。每一个环节都是那么有趣,令人惊喜。想说的,想谈的,太多太多。可说多了,又会让这篇感悟变得泛泛而流于形式。所以,我只写下最难忘的一个环节,尽量细腻地去描述我的内心。

最成功的事——这个话题让我感受到:我太普通了。从人群中随便拉出 11 个人,都能碰到竞赛上榜的、奖学金拿遍的……感叹哈工大确实藏龙卧虎。

最失败的事。炫耀是一件容易的事情,但坦然说出自己内心耿耿于怀的往事却需要莫大的勇气和真正敞开心扉。听着每个人谈论着自己曾经失败的经历,关于感情,关于家庭,关于学业……那一刻,我们被拉得无比亲近,那些藏在心里一直没说的话,没有过的倾诉,借着这个机会倾吐了出来,不愿与别人轻易分享的心事也有耳朵去用心地倾听。那一刻,我们算是真正地成了朋友,而且是那种老朋友,谁能想到两天前,我们连打招呼都有些腼腆。

一个节点,将一根时间轴一分为二。回忆过去固然重要,但憧憬未来,对于我们这帮朝气蓬勃的年轻人才更有意义。我永远也不会忘记每个人说出自己期盼时脸上的发自内心的笑容和眼睛里闪烁的微光,这些期盼,或关于家庭,或关于未来的生活。这些在不远的将来仿佛触手可及的幸福让我们对未来憧憬万分。刚刚谈论失败时的腼腆与沮丧一扫而光。生活总是会越来越好的,只要你坚信,就会如此。我的小幸福,要说到很远很远以后,大概要 20 年以后。在年轻的时候我要访遍名山大川,名胜古迹,在有限的时光与精力中享受自然和人文之美。这是一种追寻。等到退休了,我会开一家自己的茶室或者咖啡店,和年轻人谈论他们的世界,和年迈的人回忆我们的时光,带着一条同样年迈的狗,不再错过每一天的日出和夕阳。这是一种追忆。

共　赴

不知不觉到了最后一天。晚会是这个故事的高潮。我最喜欢的就是一群人齐心协力做一件事时的感觉。当时时间紧、任务重,每个人既要照顾到自己的学习,又要抽身到排练之中。但最令我感动的是从头到尾,没有一个人抱怨过。大家都只是在想着如何把节目做到尽善尽美。尤其是两个同学从上午开始就在自发排练,为的是下午人到齐后能帮大家尽快熟悉舞蹈动作。其实晚会呈现出的最终结果已经不重要了。排练过程中的汗水与欢笑,是属于我们每一队人真正宝贵的情感财富。

美好的时光总是让人觉得十分短暂,真的很想把这份快乐一直延续下去。晚会结束已经是晚上十点多了,排练了一整天的我们却丝毫没有疲态。我想,友情就是这么奇妙的东西吧。一群人一起经历,一起努力,再累,都是快乐的。那天晚上我们吃着,聊着。昏黄的灯光照在每个人微醺的脸上,我们聊着自己的过往与畅想,仿佛时间停止了,不知不觉便已是深夜。从温暖的饭馆里走出来,哈尔滨初冬的晚上还是有些寒冷,但那晚的月亮分外明亮。月光洒在光秃秃的树干上,流淌着晶莹的光。十字路口,我们挥动着手臂,向彼此告别,脸上只有幸福,没有不舍,因为我们都知道,我们终会再次相遇,不再走散。月亮高高地挂在天上,为我们照亮来时与离开的路……

我恍然解开了最初的疑惑。三点一线的生活，我想还是会继续默默地走下去的，尽管它很枯燥乏味，但是因为心里还有着“春风得意马蹄疾，一日看尽长安花”的愿望，所以我可以坚持。人生总是这样，面前摆出无数条分岔路，大多数人总是会习惯性地选择比较容易的那一条，然后后悔。既然已经选择了自己要走的路，那别的路上的风景看看就好，踏踏实实走好自己的路，我相信，未来有一天我会感谢自己做出的这个决定，就像我感谢曾经的自己一样。而且我发现，那些过着刻苦勤奋生活的人，很容易满足，只要一点点儿爱，就可以把他们的心填满。就像四队的兄弟姐妹们的感情与回忆，我会永远珍藏在心里。

思绪萦绕，回忆流进现实，我缓缓睁开双眼，发现月亮正高高挂在天上，温婉明亮，随即感叹：“落花人独立，微雨燕双飞……当时明月在，曾照晚云归。”

孙冰同学课后感言摘录

为期四天的“成功心理与人才发展”课让我收获的不仅是为人处世的方法与技巧，更收获了无价的友谊。

第一天的兔子舞让从没当众跳过舞的我冲破了心理上的禁锢，实现了自我的突破，这是一种对自信心的挑战，让在众人面前难免害羞的我努力克服了恐惧，大方起来。男女比例悬殊的班级让女同学们备受欢迎，也让我的交友环节顺利得多。我很感谢每一个主动与我交朋友的男同学，也感谢老师为我们营造了这样一个舒适的交友环境，这样的交友方式确实是我从来没有尝试过的。我记得每位与我交谈过的男同学都是面带阳光的，那是一种很有礼貌的、打动人的笑容。从陌生人到朋友，我们仅仅用了几分钟，但这短短的几分钟让我学会了如何去和陌生人友好地交谈，让我懂得每个人的身上都有着独一无二的闪光点。但第一天最让我高兴的还是收获了 12 人的团队，团队里的每个人都很出色，每个人都很友好，他们都是能走进我心灵的、优秀的、让我感到骄傲的好伙伴。

第二天开始的小组活动逐渐使我们之间的距离越来越近。盲人游戏也让我发自内心地感受到在最无助的时候一双拉住你的手是多么重要，以及在有能力的条件下对有需要帮助的人提供帮助是件多么无私、高尚的事情。爱心、同情心、责任心，我必当恪守一生，铭记心头。

我们在各类素拓游戏中提升个人能力，在团队合作中结下深厚的友谊。课程的内容丰富多样，有老师对于礼仪和为人处世方面的讲解，也有老师让每个组独立进行的活动。这些活动都是极具教育意义的，让我们在玩的过程中也能学到各种思想、知识和道理。“组员心声”让组员相互之间有了更深刻的了解，使组员之间初步地产生了信任感；“时间馅饼”活动中，组员各自提出自己在学习和生活中的时间安排问题，其他组员则给予一些建议，帮助组员提高时间管理能力；在“搭塔”活动中，让我知晓了沟通的重要性，没有沟通的团队就是一盘散沙，平常的学习和生活中，因为沟通不到位，往往不被理解。也让我感到了在团队中找准自己位置的重要性。

四天，过得很快，也很充实，让我真真实实地感受到来自团队其他成员的关心。在团队中，我们坚持着不抛弃、不放弃的原则，组里有表演才能的人主动关心、手把手教表演能力欠缺的同学，没有特殊才艺的同学努力练习，把自己最好的一面展现出来。大家每天克服各种各样的困难进行排练，不怕苦不怕累，不断地完善自己的表演，我们在这四天中不断突破自我，发掘内在潜质。

感谢刘丽美老师,感谢我亲爱的伙伴们,让我在最温暖的团队中成长,收获颇深,感慨良多,获益一生!

高嘉华同学课后感言摘录

作为一名大二的学生，我在课业繁重的阶段参加了刘丽美老师的“成功心理与人才发展”课程，不得不说，我付出了很多时间与精力，但我的收获绝对远超我最初的期望。

“成功心理与人才发展”课程是一门与众不同的课程，只有亲身参与其中才能有所收获，才能了解自己的优点与不足，才能理解真正的成功。

成功是什么？对有些人来说这是一个十分简单的问题，简单到从小就心知肚明；而对有些人来说或许到人生的最后一刻也没有得出结论。冰虽为水，却比水强硬百倍。越在寒冷恶劣的环境下，它越能体现出坚如钢铁的特性。这是成功人生的第一种境界——百折不挠。水净化万物，世间万物它都会敞开胸怀无怨无悔地接纳，然后慢慢净化自己。这是成功人生的第二种境界——包容接纳。水看似无力，自高处往下流淌，遇阻挡之物，耐心无限，若遇棱角磐石，即可把棱角磨圆，亦可水滴石穿。这是成功人生的第三种境界——以柔克刚。水能上能下，上化为云雾，下化作雨露，汇涓涓细流聚多成河，从高处往低处流，高至云端，低入大海。这是成功人生的第四种境界——能屈能伸。水虽为寒物，却有着一颗善良的心。它从不参与争斗，哺育了世间万物，却不向万物索取。这是成功人生的第五种境界——周济天下。雾似飘缈，却有着最为自由的本身。聚可云结雨，化为有形之水；散可无影无踪，飘忽于天地之内。这是成功人生的第六种境界——功成身退。人心如水，之所以有能力悬殊、善恶不同、生死之欲，皆因各自境界不等罢了。

心态表现一个人的精神状态，只要有良好的心态，你才能每天保持饱满的热情。记住做任何事情一定要有良好的心态，有良好的心态工作就会有方向，人只要不失去方向就不会失去自己。心态的好坏，在于平常的及时调整并形成习惯。

人的一切行为都是自内而外的。一个成功的人，离不开心理的成功。具有良好行为的人必有良好的品性，具有伟大人格的人必有伟大的心性。心理素质是一个人成功的基础，更是使一个人富有一生的资本。心理素质越来越成为人们身心健康、事业成败、生活幸福的决定因素，也越来越引起研究者和社会大众的热切关注。心理素质是一个人能否取得人生成功的关键因素之一。成功者选择自己拯救自己，失败者寄希望于别人或者命运。可见，好的心理素质对一个人有至关重要的作用。人就应该有乐观豁达的心态，这样才能更快捷高效地处理很多事情。平时不要把自己封闭起来,要更多地和身边的人接触,其实人活着需要的就是一种心态,不管从事什么职业,心态好,一切困难都能迎刃而解。

总体来说,这四天时间的付出与收获是成正比的,上课过程中,我遇到了许多优秀的队友,许多十分有才华的同学,更重要的是尝试了新事物,改变了自己以往固有的看法。最后感谢刘老师,感谢所有的同学们!

贾明昊同学课后感言摘录

我是来自外国语学院英语-机械专业的贾明昊，很幸运，我选择了“成功心理与人才发展”这门选修课。最初选择这门课一方面是因为学长学姐们的极力推荐，另一方面就是自己的运气好，成功挤进了濒临崩溃的选课系统。其实在不了解这门课的时候，我以为这门课会充满无聊的说教和一些所谓“实用”的社交技巧，但是经过一系列的素拓课学习，我惊讶地发现这门课真的改变了我。发自内心讲，这四天我过得快乐且充实。我结识了来自天南海北的 11 位优秀同学，我们之间从最初的拘谨到最后无话不谈，甚至可以说他们已成为我一生中最重要的朋友了。

曾经的我有些自卑，缺乏勇气。从高中起，我身边的朋友便不是很多。那时的我不参加社团，不担任班级职务，习惯于在同学间扮演着“沉默者”的角色，但其实我的心是炙热的，很多次我想要把自己的想法告诉大家，想要成为舞台中央的那个人，想要找寻自己的知己，但是我始终没有勇气去迈出那一步。我害怕，害怕我的言语会伤害到他人，害怕自己不够优秀会被他人嫌弃，害怕我会破坏那仅存的一丝关系。但是在丽美老师的课上，我感受到了别样的温暖。

课上让我感触最深的就是“真心话”环节，大家要说出自己最成功和最失败的事情。在讨论的时候我能够感受到所有人都把自己藏在内心深处的故事告诉了大家。我还记得一位学长，他平时沉默寡言，但在讲述自己亲人去世的时候失声痛哭；另一位学长讲述自己恋爱经历的时候讲到“其实你可以左手捧着心爱的书，右手牵着心爱的人”，以此来告诫我们要珍惜现在的时光，不要为自己的懒惰找借口。在这个环节里，我看到了大家曾经的努力拼搏，也曾经因为某些原因错失机遇，我感受到了所有人的坦诚，这是我从来没有体会过的。

另一个活动就是“盲人”游戏。在这个游戏中大家分别扮成“盲人”和“拐杖”，“盲人”蒙上双眼，“拐杖”带领着“盲人”行动。当蒙上双眼的时候，我感受到了对于未知的恐惧。最开始，我每向前走一步都怀疑门槛会绊倒我，尤其是上下楼梯的时候，感觉时间仿佛静止了，担心一脚踩不稳就会摔下去。我十分感谢为我当“拐杖”的同学，她对我说“没事，你可以走得快一些”，她的手臂为困在黑暗中的我送来了光明。虽然一路上我看不到她，也仅仅可以听到她的几句话，但是我们之间建立的信任十分牢固，也是这种信任让我可以大步向前。

在我看来，“成功心理与人才发展”这门课并不是为大家送来成功，而是传授给大家成功的方法——自信、敢于尝试、敢于挑战。在这四天里，我第一次登上舞台面对这么多人讲话，第一次上台表演节目，第一次蒙上眼睛把自己的一切交给一位素不相识的人；同时我也第一次得到朋友的鼓励与夸奖。现在的我虽然距离成功还有些远，但我相信我有信心和勇气去尝试挑战自我，努力成为更好的自己。

孙旭阳同学课后感言摘录

在上“成功心理与人才发展”这门课之前，我心中对这门课是有一些排斥的。和一群完全不认识的人一起上课，还要共同合作，想想都觉得尴尬。可这四天的时间，我却感到很开心，一点也没有了第一节课时的尴尬。

这个课程使我对别人的想法产生了很大的变化。

其实我并不是一个内向安静的人，可这些年来所认识的但是并不太熟悉的人，都觉得我文静内敛，高冷得不好接近，然而实际上我是很活泼的。为什么会让他们产生这样的误解，因为我不知道如何与不是很熟悉的人相处。我很害怕，我怕自己开玩笑会碰到别人的痛楚，我怕我说的话会让人对我产生误解，怕自己的主动惹人反感，也怕脸盲认不出别人，而让人觉得我孤傲独行，连招呼都不肯打。所以我开始渐渐地远离社交，开始活在自己小小的朋友圈里，甚至一想到要出去见人心里就慌张，和陌生人说话之前都要打好腹稿，等自己确定言语没有疏漏的时候才敢说出口。

从初三开始，我渐渐疏远了现实生活，有了很多网友。我十分信任他们，我不知道他们的姓名、年龄，也不知道他们在祖国的哪一个角落，当然他们也不知道我的。也正因为如此，我们坦诚相待，将心事一一诉说。这个课程给我的感觉和我与网友交流的感觉一样。被课程“强迫着”去认识别人，我不必在意你是谁，干什么，便能轻松与大家熟络起来，共同为了一个目标去做一件事。这真的是一件让人感动的事情。

我也才意识到，世界上没有人是相同的，也没有人是完全独一无二的。我以为外表与内心不同的只有我自己，然而实际上，我以为会很沉闷的人，其实是很活跃的；我以为是大大咧咧的人，却是最默默奉献的那一个。这种反差好像也挺好的，让人十分惊喜。大家也都和我一样，外在表现出来的高冷其实只是因为拘谨。所以不必惧怕什么，对别人对你的态度多想什么。他们，也都和你一样啊，或许也是不知道如何表达。

十分感谢刘丽美老师的“成功心理与人才发展”课，也十分感谢我遇见的每一位队友。我相信缘分，从第一节课抱团的那一刻起，一起度过的前所未有的四天奇妙的生活，或许有一天我会忘记你们的姓名，但我会记得一起搭过的塔，走过的路，一起唱过的歌，还有一起扭过的秧歌。

遇见你们，真好！

孙立卓同学课后感言摘录

四天，对于来到哈工大一年多来讲或许是微不足道的，但这四天的感悟与收获却是那样深刻与珍贵。感谢刘老师给了我们这样一个宝贵的机会，结下如此奇妙的一段缘分，感谢小组的另外 11 位组员让我领略到大学生活独到的一抹色彩，给我如此美好的四天回忆，收获分外真挚的 11 份友情。

萍水相逢

一天晚上我来到活动中心 201 室，那时我还没意识到这将会是一段令我珍藏记忆的开端。

刚开始是两个人互相认识，幸运的我找到了大一军训时认识的战友林涛，短短一周的军训伴随着突如其来的大雨结束，曾经同甘共苦的战友也失去了联系，没有想到会有这样神奇的重逢，这也成了我素拓课的第一个收获。

接下来又经过了四人、八人互相认识的环节，圈子越来越大，聊得也是越来越开，伴随着刘老师的口令我们小组 12 个人凑到了一起。或许这就叫作缘分吧，感觉任何其他 12 个人的组合都不会像我们小组一样快乐、融洽。

相互认识的环节简直是对我的考验，素未谋面的 11 个人，记住他们的相貌尚且还能办到，但是在短时间内记住每个人的名字真是令我犯难，尤其是轮到自己复述名字时，伙伴们殷切的眼光投过来，生怕自己忘记或是记错，还好伙伴们并不嫌弃我糟糕的记忆力，帮我顺利地完成了这一环节。第一天的活动就这样匆匆结束，与其他课程不同的是，刘老师的课让我有期待。

风雨同舟

“风雨同舟”其实是其中一个活动的名字，不过我感觉这个名字用来形容我们第二天的活动也分外适合。

风雨同舟，开始我们听到这个游戏的名字时都是一脸茫然，在听到这个游戏的内容后更是面露难色。一张普通尺寸的报纸怎么可能载下 12 个人，不过当我们聚集了 12 个人的智慧与力量接受考验时，这一切都不再是问题。每个人都提出自己的意见，确定了思路后每个人都全力以赴实施，小小的一张报纸将我们的身体牢牢绑在一起，也将我们的心紧紧地系在一起。也就是从这时起，我们 12 个人真正成了一个团队，完成每个环节都是 12 人的智慧、12 分的努力。

接下来是“我是国王还是兵”活动，组员之间的沟通只能依靠短短的一天时间所建立的默契，但我们却将这个环节完成得十分完美。姜舒强学长身先士卒坐在地上开始架构，每个组员都参与其中，有的负责卷报纸；有的去剪胶带条；有的对塔身做装饰，每个人都投入其中，不亦乐乎。最后由姜学长把我们的杰作宣讲给其他的小组，绘声绘色的宣讲又为我们的佳作大大加分，其中我的球型观景台的创意还被学长大加润色，心中倍感自豪。最后我们小组的塔荣获“十全十美”的称号，史无前例的称赞也是对我们最大的鼓励和认可。

接下来的活动主要围绕着晚会展开，多才多艺的女生们负责构思，男生们就热火朝天地锤炼台词、动作。梁导导演舞台剧《情深深雨蒙蒙》；文谦创作串联词；陈英男队长则忙前忙后串联节目，联系音响和灯光。虽然周末短暂的休息时光宝贵但是每个人都没有一点儿怨言，一台虽然简陋但是饱含每个人付出的晚会就在傍晚时分开始了。笑点十足的舞台剧、引燃全场的合唱还有风格各异的个人节目，虽然晚会只有短短的 12 个节目但是每一位成员都参与其中，乐在其中。

依依不舍

快乐的时光总是短暂的，晚会随着刘老师一曲《月亮代表我的心》落下了帷幕，紧接着是最后一个课上活动——“戴高帽”。每个人相互间紧紧地握住双手、诚挚地拥抱，看着对方的双眼，即使形容自己的是简单的词汇我们也知道那不是敷衍，那是真诚。

虽然短暂的课程就这样结束了，但我们的友谊不会就这样烟消云散，我们又一起出去聚餐，一边吃饭一边玩游戏，一边探讨着未来，我们就像一群相识已久的老友互相交流、倾诉，没有隔阂、没有顾忌，因为我们是真心的朋友。

最后一句话借用我在课上的最后一段发言：感谢刘老师给予的这一次机会，感谢我们组的伙伴们给我这样一段美好的时光，我们有缘再会。

参考文献

[1]樊富珉.团队心理咨询[M].北京:高等教育出版社,2005.
[2]李开复.做最好的自己[M].北京:人民出版社,2005.